U0107310

eye

守望者

——

到灯塔去

〔法〕朱莉娅·克里斯蒂娃 著 郭兰芳 译

黑太阳
抑郁与忧郁

SOLEIL NOIR

Dépression et mélancolie

Julia Kristeva

南京大学出版社

"我的心啊！你为何沮丧？为何烦躁？"

——《诗篇》42:5

"人的伟大在于他认识到自己的可悲。"

——帕斯卡尔《思想录》

"或许这就是我们终其一生都在追寻的东西，我们一直追寻的仅仅是——在生命消逝之前以最大限度的悲伤让我们成为自己。"

——塞利纳《茫茫黑夜漫游》

目 录

第一章 抑郁抵抗者：精神分析

对于那些遭受忧郁（mélancolie）折磨的人而言，只有当忧郁成为书写的源头时，书写忧郁才有意义。我尝试描述一个忧郁的深渊，描述那时常将我们吞噬的无法言说的痛苦。这种痛苦往往是持续的，它让我们失去任何话语、任何行为的欲望，甚至让我们失去生存的欲望。这种绝望并非一种厌恶，厌恶假定的是我有能力期冀、有能力创造。诚然，期冀和创造是负性的，但它们却真实存在着。在抑郁（dépression）之中，我的存在随时会被动摇，但存在的无意义感却并非悲剧性的：对于我而言，它显而易见、熠熠生辉，又不可抵抗。

　　这个黑太阳来自何方？它隐形却沉重的光芒将我牢牢固定在地上、在床上，让我不语，使我放弃，它究竟来自哪个非理性的星系？

　　我所承受的创伤，比如情感或职业上的失败，比如影响我与亲友关系的痛苦或哀悼，往往会触发我的绝望。这些原因很容易被识别，一次背叛，一场致命的病痛，就像事故或残疾，突然将我从原本习以为常的正常人序列中剥离出来；或者这些事件发生在我们所珍视的人身上，带来了彻底的变化；又或者……谁知道呢？这些每天都在折磨我们的不幸事件无穷无尽。它们突然赋予我另一种生活。一种无法承受的生活，每天都充斥着痛苦，充斥着挥洒的抑或被吞咽的泪水，充斥着或焦灼或平淡或虚无的、无法与他人分享的绝望。生存失去了活力，随时可能滑向死亡，偶尔的激情不过是为了努力维持生命。死亡，无论是报复还是解脱，从此成为我所承受的煎熬的内在界限，成为生命不可能的意义。生命之于我是时时刻刻让我感觉无法承担的重负，除了那些我尽力面对灾难的时刻。我体验着鲜活的死亡，肉体伤痕累累，鲜血淋漓，如同行尸走肉，缓慢前行或停滞不前，时间被抹去或被放大，在痛苦中慢慢消失……我是局外人，我缺席于他人的意义，我偶遇了幼稚的幸福，对于我的抑郁，我有着超乎所有的、形而上的清醒认识。在生与死的边界，有时我会有一种作为存在（Être）无意义之见证者的自豪感,我为揭示关系和芸芸众生的荒诞而骄傲。

痛苦是我的哲学隐藏的一面,是我无言的姐妹。相应地,如果没有痛苦或仇恨的忧郁积聚,"探究哲学,就是学习死亡"这样的理念便无从建构。这样的积聚在海德格尔的忧虑(souci)和我们"向死而生"(être-pour-la-mort)的揭示中达到顶峰。倘若没有忧郁的倾向,便没有心理困扰,而是会走向行动或游戏。

然而,导致我抑郁的事件的力量往往与突然将我吞没的情绪不成比例。更重要的是,我此时此刻所承受的幻想破灭虽然残酷,但细究之下,它似乎与我过往的创伤产生共鸣。这些过往的创伤我未曾哀悼。因此,此刻的沉沦,我能在过往中找到影子,它关乎某样我爱过的东西、某个我爱过的人的丧失、死亡和哀悼。这个不可或缺的存在的消失不断地将我自身最重要的部分带走:我视之为一个伤口、一种剥夺,最后却发现,痛苦不过是我对那个背叛或抛弃我的人的怨恨或支配欲望的延迟体现。抑郁告诉我,我无法接受失去:或许我从来不曾学会为失去的东西寻找某种有效的补偿?结果,所有的失去都导致了我的存在的丧失,导致了存在自身的消失。抑郁者是愁苦而彻底的无神论者。

忧郁：激情的内里

忧愁的快感、悲伤的沉醉构成了一种平庸的底色，当它们并非将沉迷于爱情之中的人唤醒的短暂清醒剂时，我们的理想或愉悦往往便从中脱离而出。我们都清楚，自己终将失去所爱，当我们在爱人身上发现自己曾经爱过又丢失已久的客体的影子的时候，我们也许会愈发觉得悲哀。抑郁是那喀索斯（Narcisse）那张被隐藏的面孔，这面孔将把他引向死亡，然而他在幻景中自我欣赏的时候对此却一无所知。讨论抑郁又一次将我们带到那喀索斯神话的沼泽地①。然而，这一次，我们不会看到光彩夺目却又十分脆弱的对爱情的理想化；相反，我们将会看到投射在脆弱自我上的阴影。自我失去了他所必需的他者，刚刚与其分离。绝望的阴影。

与其寻找绝望的意义（它是明显或者形而上的），我们不如承认意义只存在于绝望之中。如同国王般的孩子在学会说话之前便已变得无比悲伤：他被迫分离，再也无法回到从前。孩子绝望地与母

---

① 参见本人的 *Histoire d'amour*，Denoël，Paris，1983。

亲分离,母亲决定了他必须尝试着重新将她及其他爱的对象寻回。他首先在想象中寻找,随后在词语中寻找。关心象征零度的符号学不仅研究爱的状态,还研究其平庸的结果——忧郁。它由此发现,如果说所有的书写都关乎爱,那么所有的想象,或明显或隐蔽地,都是忧郁的。

思想·危机·忧郁

然而,忧郁并不是法国的专属。新教的严苛或东正教的母系特色更容易成为处于悲伤之中的个体的共谋,前提是它们不将其带入忧郁的欢愉(délectation morose)之中。如果说中世纪的法国的确通过一些精巧的人物形象向我们展示了忧愁,文艺复兴和启蒙运动时期的高卢风格则与其说是虚无主义的,不如说是俏皮、充满爱欲和善于巧辩的。帕斯卡尔、卢梭、奈瓦尔(Nerval)有着忧郁的面容……他们是例外。

对于言说的存在(être parlant)而言,生命是有意义的生活:生命甚至是意义的顶峰之所在。因此,当他失去了生活的意义,生命便也可以轻易失去：当意义破碎，生命也将垂危。当抑郁者产生怀疑的时候，他便成了一个哲学家。关于存在的意义或存在的无意义，最让我们感到困扰的是赫拉克利特、苏格拉底，以及离我们更近的克尔凯郭尔。尽管如此，要回溯到亚里士多德才能找到关于哲学家与忧郁之间关系的全面思考。一般认为，《论问题》（*Problemata*，30，I）一书是亚里士多德所著。他在书中指出，黑胆汁（melaina kole）是造就伟人的关键。（伪）亚里士多德学说的思考与例外人格（éthos-péritton）相关，而忧郁是此类人群的特质。亚里士多德借用了希波克拉底（Hippocrate）的概念（四种体液和四种气质），并在其基础上进行创新。他将忧郁从病态中分离出来，将其纳入本性（nature）的范畴。更重要的是，他认为忧郁来自热（chaleur）和中庸（mesotes），前者是有机体的调节原则，后者则是对立能量的平衡互动。这种古希腊式的忧郁的概念在今天的我们看来依然显得陌生：它预设一种"均衡的多样性"（eukratos anomalia），这种多样性被比喻为泡沫（aphros），它是乐观的，是黑胆汁的对立物。这种空气（pneuma）与液体的白色混合物使得大海、葡萄酒以及男性的精液产生泡沫。亚里士多德的确将科学陈述与神话传说结合起来，将忧郁与精子的泡沫和爱欲联系起来。其阐释显然参照了狄俄尼索斯和阿佛洛狄忒的传说（953b，31—32）。亚里士多德所阐述的忧郁并非哲学家的疾病，而是他的本性，他的气质（éthos），它有别于古希腊首位忧郁者柏勒洛丰（Bellérophon）的忧郁。《伊利亚特》（Ⅵ，200—203）这样描述柏勒洛丰："他成为诸神仇恨的对象，独自漂泊在阿勒伊翁平原，满腹愁肠，躲避世人的行踪。"由于受众神遗弃，他自我吞噬。这个被神谕流放、处于绝望之中的人没有陷入疯狂，却注定要缺席、远离人世，注定只能属于虚空……在亚里士多德的体系里，忧郁因才华而得以平衡，与存在的不安共存。这种观念可以被看作海德格尔式的焦虑（angoisse）的先驱，他将焦虑视为思想的情绪（stimmung）。谢林以相似的方式从中发现了"人类自由的本质"（essence de la liberté humaine）——"人与自然和谐共处"的标志。因此，哲学家或许"因其人性的过度膨胀而忧郁"①。

忧郁被视为边缘人格，被视为揭示存在真实性

---

① 　参见 *La Melanconia dell'uomo di genio*，Ed. Ⅱ Melangolo，a cura di Carlo Angelino，ed. Enrica Salvaneschi，Genova，1981。

质的例外，这种视角在中世纪经历了深刻的变化。一方面，中世纪思想回归古代文明后期的宇宙观，认为忧郁与代表精神和思想的土星相关①。这些理论思辨经由马尔西利奥·费奇诺（Marsilio Ficino）而发展至巅峰，丢勒的《忧郁》（1514）则巧妙地将其与造型艺术相结合。另一方面，基督教神学将忧伤变成一种原罪。但丁将那些"失去心智之善的悲惨的人"置于愁苦之城（cité dolente，《地狱篇》第三章）。"内心沮丧"意味着失去了上帝，忧郁者构成了"一个令上帝及其敌人不快的卑微的教派"：他们所受到的惩罚是没有"任何死亡的希望"。因绝望而作贱自己的人、结束自己生命的人和挥霍无度的人同样无法得到宽恕：他们注定要化身为树木（第十三章）。尽管如此，中世纪的僧侣却对忧愁津津乐道：作为一种神秘的苦行（acedia），忧愁是领悟神圣真理的矛盾知识的方式，同时也构成了信仰的重要考验。

忧郁随着不同的宗教氛围而有所变化，我们或

① 思想和艺术史中关于忧郁的论述，参见 K. Klibanski, E. Panofski, Fr. Saxl, *Saturn and Melancholy*, T. Nelson ed., 1964。

许可以说它是在对宗教的怀疑中显现出来的。没有任何事情比死亡的上帝更让人忧伤。陀思妥耶夫斯基坦言,他曾因荷尔拜因(Holbein)令人悲痛的墓中基督形象而感到心神不宁,这一形象与"复活的真相"形成了强烈的反差。宗教和政治偶像崩塌以及危机四伏的时代尤其容易让人产生消极情绪。诚然,相比失业者,被抛弃的恋人更容易选择自杀。但是,在危机爆发时期,忧郁被展现、被诉说、被挖掘,人们研究忧郁,并以不同的方式将其呈现。当然,被书写出来的忧郁和与其同名的病症之间已然没有多大关系。除了我们到目前为止还未厘清的概念混淆(什么是忧郁? 什么是抑郁?)之外,我们还需要面对一个谜一般的悖论:如果说丧失、哀悼、缺席会引发想象,它们在对想象构成威胁、破坏想象的同时也持续对其进行滋养,那么我们同样也必须注意,正是在对作为动力的悲伤的否定之中,艺术作品成了恋物的对象。因忧郁而日渐枯竭的艺术家同时也是最努力地与象征性退缩(démission symbolique)做斗争的人,这种象征性退缩将他深深困住……直到死亡或自杀,从而最终战胜失去客体的虚无。

忧郁/抑郁

"忧郁"是指，个体身上出现的抑制和说示不能（asymbolie）的精神病症状，这种症状可能是偶发的，也可能是长期存在的，它往往与激昂的所谓躁狂状态交替出现。当沮丧与兴奋这两种状态的强度和频率降低时，我们便可以称之为神经症型抑郁（dépression névrotique）。尽管弗洛伊德承认忧郁与抑郁的区别，但在关于二者的论述中他都提到了失去母亲这一客体而无法完成哀悼。问题：哀悼无法完成是由于某种父性机制失效，还是由某种生物学上的脆弱性而引发？忧郁——在区别了精神病症状和神经症症状之后，我们还是使用这个通用术语——拥有一种可怕的特权，它可以将分析师的提问放置于生理和象征交会的位置。平行的系列？连续的片段？需要加以细述的危险的十字路口，另一种有待发明的关系？

忧郁和抑郁这两个术语构成了一个整体，我们或许可以称之为忧郁抑郁症（mélancolico-dépressif），其界限事实上是模糊的，精神病理学将"忧郁"这一概念界定为自发性不可逆疾病（使用抗抑郁剂方能见效）。我们暂且不谈抑郁的不同类型（"精神病型"还是"神经症型"，或者按照另一种分类方法，"忧虑型""焦躁型""迟缓型""敌对型"），不谈抗抑郁剂（单胺氧化酶抑制剂、三环类抗抑郁药、杂环类抗抑郁药）或胸腺稳定剂（锂盐）可能但尚未明确的效果，在这里，我们探讨的是弗洛伊德的视角。由此，我们尝试着梳理忧郁抑郁症内部（无论其界限有多模糊）共同的经验——客体的丧失（perte de l'objet）和能指关联的更改（modification des liens signifiants）。在忧郁抑郁症中，能指关联，尤其是语言，无法保证必要的自我刺激以触发某些反应。语言无法成为"补偿体系"（système de récompenses），却过度激活了焦虑-惩罚的机制，从而导致抑郁症典型的行动和思维迟缓。短暂的忧伤或哀悼和忧郁症式的木僵在临床和疾病分类上有所区别，但其根源都在于无法承受客体的丧失，在于能指无法成为主体退缩状态的补偿性出口。主体躲避起来，无所作为，直至装死甚至真正选择死亡。因此，我们在谈论忧郁和抑郁时，并不总是明确区分两者的特性，而是强调它们共同的结构。

抑郁者:心怀怨恨或伤痕累累

哀悼的"客体"和"物"

经典精神分析理论(亚伯拉罕[①]、弗洛伊德[②]、克莱茵[③])认为,抑郁,正如哀悼,隐藏着对所丧失客体的攻击性,体现了抑郁者对哀悼对象爱恨交织的矛盾情感。"(对于他所丧失的人和物,抑郁者似乎在说)我爱他,但我更恨他;因为爱他,为了避免失去他,我将他安放在我身上;但是,因为恨他,这个存在于我身上的他者是一个坏的自我(mauvais moi),我是恶的,我一无是处,我把自己杀了。"因此,对自我的抱怨其实是对他者的抱怨,而将自己

---

① 参见 K. Abraham, « Préliminaires à l'investigation et au traitement psychanalytique de la folie maniaco-dépressive et des états voisins » (1912), in *Œuvres complètes*, Payot, Paris, 1965, t. Ⅰ, pp. 99 - 113。

② 参见 S. Freud, « Deuil et mélancolie » (1917), in *Métapsychologie*, Gallimard, Paris, 1968, pp. 147 - 174; *S. E.*, t. ⅩⅣ, pp. 237 - 258; *G. W.*, t. Ⅹ, pp. 428 - 446。

③ 参见 M. Klein, « Contribution à l'étude de la psychogenèse des états maniaco-dépressifs » (1934) et « Le deuil et ses rapports avec les états maniaco-dépressifs », in *Essais de psychanalyse*, Payot, Paris, 1967, pp. 311 - 340 et 341 - 369。

处死则是将他者谋杀的可悲伪装。这样的逻辑假设的前提是严厉的超我，是关于理想化，关于自我贬损、贬损他者的复杂辩证关系。这些行为都建立在认同（identification）的机制之上，因为通过认同于这个爱恨交织的客体，通过内化-内射-投射（incorporation-intropojection-projection），我将他身上崇高的部分安置于我身上，这些部分变成了专断却又不可或缺的法官，而他身上卑鄙的部分同样也被安顿在我身上，这些部分对我进行贬损，而我则希望对其进行清算。因此，对抑郁的分析需要指明这样一个事实：对自我的抱怨其实是对他者的憎恨，而这样的恨意可能潜藏着意想不到的性欲。正如我们所知，移情中出现此类恨意对于分析师和分析对象而言都意味着风险。抑郁的治疗（即使是神经症型抑郁）已经触及精神分裂的边缘。

弗洛伊德和亚伯拉罕都曾探讨过忧郁式的"食人"倾向。这种倾向也出现在许多抑郁者的梦境和幻觉①之中，它体现了一种将无法容忍的他者吞入口中（阴道和肛门也可以发挥同样的作用）的欲望，我希望将他者毁灭，这样才能让他存活并将他占

————————

① 参见本书第三章第 107—108 页。

有。与其失去他，不如将他分解、撕碎、割裂、吞噬、消化……忧郁者的食人想象[①]是对失去所爱这一事实的否定，也是对死亡的否认。它体现了失去他者的焦虑，同时也让自我继续存活。诚然，自我被抛弃了，但并未与失去的客体分开，后者仍在滋养并将持续滋养他，且通过被吞噬而在他身上得以变形、得以复活。

然而，对自恋人格的治疗使得现代的分析师发现了抑郁的另一种形态[②]。忧伤并非对他者的隐蔽攻击（他者带来挫败，因而被想象为敌对的对象），而是一个受伤的、不完整而空洞的原始自我（moi primitif）的信号。这样的个体不把自己当作受害者，而是认为自己身上存有某种根本的缺点、某种先天的不足。他的悲伤中并没有掩盖对爱恨交织

---

① 参见 Pierre Fédida，« Le cannibalisme mélancolique »，in *L'Absence*，Gallimard，Paris，1978，p. 65。

② 参见 E. Jacobson，*Depression*，Comparative studies of normal，neurotic and psychotic condition，N. Y.，Int. Univ. Press，1977；trad. Franç. Payot，1984；B. Grunberger，« Études sur la dépression » 以及 « Le suicide du mélancolique »，in *Le Narcissisme*，Payot，Paris，1975；G. Rosolato，« L'axe narcissique des dépressions »，in *Essais sur le symbolique*，Gallimard，Paris，1979。

的对象进行秘密复仇的罪感和过错。他的忧伤更
确切地说是自恋创伤最古老的表达方式，这种创伤
无法被象征、难以名状，它发生的时间如此之早，以
至于任何外在的对象（主体或客体）都无法成为其
指涉的对象。对于这类自恋型抑郁者（déprimé nar-
cissique），忧伤事实上是唯一的对象。忧伤是某个
他依恋、驯服和珍视对象的替代品，因为他无法找
到其他对象。这种情况下，自杀并非伪装的战争行
为，而是与忧伤的会合、与不可能之爱的会合，这份
爱永远无法触碰，永远在彼处，一如虚无和死亡的
允诺。

物与客体

　　自恋型的抑郁者哀悼的不是"客体"（Objet），而
是"物"（Chose）①。因此，且让我们呼唤拒绝表意的

---

①　海德格尔发现，自古希腊哲学伊始，对物的把握便与对某
　　个命题（proposition）的陈述及其真相密不可分。他开启了
　　关于物的"历史性"特征的问题："关于物的问题从其发端
　　处再次被启动。"（*Qu'est-ce qu'une chose ?*，trad. Franç.
　　Gallimard，Paris，1965，p. 57.）海德格尔并没有梳理这一

实在界(le réel)，它是吸引力与排斥力的中心，是性欲所在之处，欲望的对象将与之分离。

对此，奈瓦尔打了一个绝妙的比方。他认为，存有某种缺席的坚守，某种未被呈现的光芒：物是梦中的太阳，既明亮又黑暗。"正如我们所知，在梦中我们永远见不到太阳，尽管我们常常能感觉到一种更为明亮的光。"①

自这种古老的依恋开始，抑郁者感觉到被剥夺了某种无法言表的至善(suprême bien)，某种无法表征的东西。或许只能通过吞噬来表现、借由祝圣(invocation)来指明，没有任何言语能对其进行解

关于物的思考的历史，而是在人与物之间的中间状态将其开启。他越过康德，指出："作为一个预设，人与物之间的间隔将其领地扩大到物之外，与此同时，在反转运动中，它也在我们身后拥有了一个支点。"

海德格尔的问题打开了一道裂隙，但是，在弗洛伊德动摇理性的确定性之后，当我们谈论物(Chose)时，我们在其中看到的是"某物"(quelque chose)。已经建构的主体从反向来看待"某物"，它是不确定、无法分割、无法掌控的，直至被确定为与性相关的物。我们用"客体"这一术语来指涉经由某个命题验证的时空的恒常，这一命题由话语的主人——主体来阐述。

① Nerval, *Aurélia*, in *Œuvres complètes*, La pléiade, Gallimard, Paris, 1952, t. I, p. 377.

释。因此，没有任何爱欲客体能够取代这种地点或前客体（pré-objet）无法替代的统觉（aperception），这种统觉将力比多囚禁，同时切断了欲望的关联。抑郁者清楚地知道自己被剥夺了物，于是他四处流浪，追寻冒险和爱情，却总是以失望告终。他也可能选择自我封闭，郁郁寡欢，沉默不语，与那无法命名的物默然相对。完成对"个人前历史父亲"（père de la préhistoire personnelle）[①]的"原初认同"（identification primaire）也许能成为其对物进行哀悼的一种方式、一种链接。原初认同一方面有助于"物"的补偿，另一方面使得主体转向另一层面——想象的融合，这种融合提示了信仰的联结，而后者在抑郁者身上是分崩离析的。

在忧郁者身上，原初认同极为脆弱，无法保证其他认同的完成，而这些认同是象征的，通过它们，爱欲之物（Chose érotique）可能会变成欲望对象（Objet de désir），吸引并保证快感转喻（métonymie）的延续性。忧郁之物打断了欲望中的转喻

———————

① 参见 S. Freud，« Le moi et le ça »（1923），in *Essais de psychanalyse*，Payot，1976，p. 200；*S. E.*，t. XIX，p. 31；*G. W.*，t. XIII，p. 258。

(métonymie désirante),正如它与丧失(perte)的内心建构形成对立①。如何接近这一地点?在这个意义上升华做了一种尝试:通过旋律、韵律、多义性,解

---

① 我们的观点有别于拉康。拉康 das Ding(德语,意为"物"。——译者注)的概念建立在弗洛伊德《大纲》(Entwurf)的基础之上:"这一 das Ding 不在于关系之中。在它可被阐明的情况下,关系一定意义上是经过周到考虑的,它使人参照自己创造出来的东西来对言语进行质疑。在 das Ding 中有一些别的东西。存在于 das Ding 之中的,是真正的秘密……有欲求的东西。确定的单数的需求,而非复数的需求。压力,紧迫。Not des Lebens(德语,意指生活中遭遇的紧急状况或处于极度需求之中的苦恼。——译者注)的状态是生命中的紧急状态……是有机体做出回应所需要保存的能量值,这些能量对于维系生命而言是必要的。"(L'éthique de la psychanalyse, séminaire du 9 décembre 1959, Seuil, Paris, 1986, p. 58 sq.)这里所涉及的是四岁之前的心理印记(Niederschrift),对于拉康而言这些印记依然是次级的,但与"质量""努力""深层心理"相关。"物作为外来者(Fremde),甚至与情境相对立,是第一个外物……主体要寻找的正是作为绝对大他者(Autre absolu)的这一客体——das Ding。我们至多将其视为一种遗憾……正是在对其期冀的状态中,这种最优的张力将以快乐原则的名义被找寻,张力之下不再有知觉,也不再有努力。"(p. 65)这里他说得更为明了:"从缘起而言,das Ding 是我们所谓的所指之外(hors-signifié)。正是依据这一所指之外和某种动人的关系,主体才保留了距离,并在这个由关系和先于所有压抑的原初情感构成的世界里完成自我建构。弗洛伊德的《大纲》里最早的论述便围绕这些

构并重构了符号的所谓诗歌的形式，它似乎是唯一能够对物施加某种不确定却十分恰当影响的"容器"。

我们假定，无神论的抑郁者被剥夺了价值和意义。他因恐惧或忽视彼岸世界（l'Au-delà）而自我贬损。然而，无论他是多么坚定的无神论者，绝望之人同时也是神秘主义者：他执着于前客体，他并非"你"（Toi）的信徒，却是他自身无法言说的包容物（contenant）的沉默而忠实的追随者。他将眼泪和原乐（jouissance）悉数贡献给了这样的怪异性。在他情感、肌肉、黏膜和皮肤的张力之中，他体会到自己属于某一早期的他者，却又与之保持距离，这个他者是无法表征、无法命名的，但是他的身体排泄及其非自觉行为依然保留着这一他者的印记。抑郁者不信任语言，但他是深情的。诚然，他受了伤，是情感的俘虏。情感，是他的物。

物印刻在我们身上，我们却对此没有记忆，它

观点而展开。"（pp. 67‑68）然而，弗洛伊德认为，物（Chose）只以喊叫（cri）的形式来呈现，拉康将其译为"词"（mot），他巧妙地利用了法语中这一字眼的双重含义［"词，即不言之物"，"一言不发"（法语中 mot 可理解为"词语"或"言语"。——译者注）］。"这里所涉及的物是无声之物（chose muette），而无声之物并不完全等同于与话语无关之物。"（pp. 68‑69）

是我们无法言表的焦虑的隐性同谋。人们想象着重逢的欢愉，这欢愉是退行的白日梦通过与自杀的结合来实现的。

对于正在建构的主体而言，物的浮现激发了生命的冲动（élan vital）。"作为早产儿的我们，只有寄居在他者身上方能存活，他者对于我们是补充，是替身，是保护层。"然而，这样的生本能（pulsion de vie）同时也是一种将我排斥和孤立、将他（或她）排斥的冲动。本能冲动的双重性从未像在他性（altérité）的发端中这般令人生畏，没有了语言的过滤，我无法将暴力写入"不"或任何其他的符号之中。我只能通过姿势、痉挛和喊叫将暴力驱逐。我将它推动，将它否决。我的物是必需的，它同时也必定是我的敌人、我的衬托、我仇恨的美丽极点。在表意的前哨阶段，语言（Verbe）尚未成为我的存在之时，物在我身上陨落。在成为他者之前，物是一种虚无，它是一个缘由，同时也是一种堕落。物是一个花瓶，里面装有我的排泄物和所有源自"堕落"（cadere）的东西：它是废物，在忧伤之中我与之融为一体。《圣经》里约伯的粪堆。

在将物进行安顿的过程中，肛门性欲（analité）被调动起来，物既是我们特有的，又不专属于我们。

忧郁者纪念这一边界，他的自我在边界处显露，却也在贬损中崩塌，他无法调动肛门性欲，使其成为分离和界限的建构者，就像在强迫症患者身上那样。相反，抑郁者全部的自我都深陷于去爱欲化（désérotisé）却又无比欢愉的肛门性欲之中，因为肛门性欲承载了与古老的物（Chose archaïque）融合的原乐，古老的物被感知为自我的边界元素，而非重要客体。对于抑郁者而言，物与自我都意味着坠落，将其带入不可见、不可说的境地之中。堕落，一片废墟，一片尸体。

死本能：非延续性（创伤或丧失）的原初印记

弗洛伊德提出的原发性受虐（masochisme primaire）与自恋型忧郁的某些方面相吻合。在自恋型忧郁之中，力比多联结的终止似乎不是简单地将对客体的攻击性转化为对自己的敌意，而是发生在所有客体定位的可能性之前。

弗洛伊德于 1915 年①提出了"原发性受虐"这

---

① 参见 S. Freud, « Pulsions et destin des pulsions », in *Métapsychologie*, coll. Idées, Gallimard, Paris, p. 65；*S. E.*, t. XIV, p. 139；*G. W.*, t. X, p. 232。

一概念。"死本能"（pulsion de mort）这一说法在弗洛伊德的作品，尤其是在《受虐倾向的经济问题》（1924）[1]中被提出之后，"原发性受虐"这一概念得到进一步确认。弗洛伊德发现，生命体出现在无机体之后，他认为生命体内部应该存在某种特殊的冲动，使之"倾向于回到更早的状态"[2]。在《超越快乐原则》（1920）[3]中，弗洛伊德将死本能视为一种重回无机状态、重回体内稳定的倾向，它与释放和联结的爱欲原则相对立。弗洛伊德提出一种设想，认为死本能或毁坏冲动（pulsion de destruction）的一部分经由肌肉系统被引向外部世界，转变成毁坏冲动、控制冲动或某种强烈的意志。它与性相结合便构成了施虐倾向。他同时指出："另外一部分并不

---

① 参见 S. Freud, « Le problème économique du masochisme », in *Névrose, Psychose et Perversion*, P. U. F., Paris, 1973, pp. 287 - 297; *S.E.*, t. XIX, pp. 159 - 170; *G. W.*, t. XIII, pp. 371 - 383。

② 参见 S. Freud, « Abrégé de psychanalyse », in *Résultats, Idées, Problèmes*, t. II, P. U. F., Paris, 1985, pp. 97 - 117; *S. E.*, t. XXIII, pp. 139 - 207; *G. W.*, t. XVII, pp. 67 - 138。

③ 参见 S. Freud, « Au-delà du principe de plaisir », in *Essais de psychanalyse*, *op. cit.*, pp. 7 - 81; *S. E.*, t. XVIII, pp. 7 - 64; *G. W.*, t. XIII, pp. 3 - 69。

参与上述向外转移的过程：它留在有机体内，与力比多相联结……这就是原初的、激发情欲的施虐倾向。"[1]鉴于对他人的恨被认为"比爱更古老"[2]，这种恨的受虐性撤回（retrait masochique de la haine）是否意味着存在某种更为古老的恨？弗洛伊德似乎做出这样的假设：他认为死本能是种系发育的遗传现象在心理上的一种呈现，这种遗传可以追溯到无机体。弗洛伊德之后的大部分精神分析师都没有继续沿着这样的思辨进行探讨。然而，在好几种心理结构和心理现象中，如果说我们并没有发现联结瓦解的前身，那么我们至少看到了它的力量。此外，频繁出现的受虐倾向、负性的治疗反应，以及似乎先于客体关系的幼童身上出现的种种病态（婴幼儿厌食症、反刍症、某些自闭症）使得我们倾向于接受死本能的存在，它表现为生理上和逻辑上无法传递能量和心理印记，由此而摧毁循环和联结。弗洛伊德是这样论述的："如果我们将这么多人内在受

---

① « Le problème économique du masochisme », *op. cit.*, p. 291; *S. E.*, t. XIX, p. 163; *G. W.*, t. XIII, p. 376. 字体强调为本书作者所加。

② « Pulsions et destin des pulsions », *op. cit.* p. 64; *S. E.*, t. XIV, p. 139; *G. W.*, t. X, p. 232.

虐倾向的表现以及神经症患者出现的负性治疗反应和罪咎意识的表现综合起来考虑，那么我们就无法继续认为，心理活动的过程仅仅由对快乐的追求所支配。这些现象毫无疑问是证据，证明在心理生活中存在一种强大的力量，根据其目标，我们将其称为攻击冲动（pulsion d'agression）或毁坏冲动（pulsion de destruction），其源头可追溯到有机体原初的死本能。"①

自恋型忧郁通过与生本能分离的状态来表现这样的冲动。弗洛伊德认为，忧郁者的超我是"对死本能的一种培育"②。然而，问题依然存在：忧郁者身上的这种去爱欲化是否与快乐原则相对立？又或者它潜在地也是爱欲化的，那么就意味着忧郁的撤回仍然是客体关系的反转，是对他人仇恨的一种变形？梅兰妮·克莱茵在她的作品中赋予了死本能极大的重要性，她似乎认为，对于大多数人而言，死本能取决于客体关系，受虐倾向和忧郁是坏

---

① 参见 S. Freud, « Analyse terminée et interminable », in *Résultats, Idées, Problèmes*, t. Ⅱ, *op. cit.*, p. 258; S. E., t. ⅩⅩⅢ, p. 243; G. W., t. ⅩⅥ, p. 88。

② 参见 S. Freud, « Le moi et le ça », *op. cit.*, p. 227; S. E., t. ⅩⅨ, p. 53; G. W., t. ⅩⅢ, p. 283。

客体（mauvais objet）被内摄（introjection）而形成的变体（avatar）。但是，克莱茵在其论述中承认了爱欲联结被切断这一状况的存在，却没有说清它们是从未存在过，还是被迫中断了（如果是后者，那么导致爱欲撤回的正是投射的内摄）。

我们要专门谈谈克莱茵在 1946 年对"分裂"（clivage）所下的定义。一方面，她不再强调抑郁的处境，转而关注更早期的妄想和类精神分裂。另一方面，她区分了两种分裂：二元分裂（clivage binaire，对"好"客体和"坏"客体进行区分，从而保证自我的统一）和碎片分裂（clivage morcelant）。后者不仅影响客体，也影响自我本身，而自我完全地"裂成碎块"（tomber en morceaux）。

整合/非整合/崩解

我们首先要指出的是，上述碎片化的原因可能在于冲动的非整合（non-intégration）状态使得自我无法统一，也可能是因为崩解（désintégration）状态伴随着焦虑，引发了类精神分裂的碎片化（fragmentation schizoïde)[1]。第一种假设似乎借用了温尼科特(Winnicott)的观点，非整合状态源自生物学意义上的不成熟：这种情况下，如果我们可以谈论桑纳托斯(Thanatos)，那么死本能表现为生理层面无法应对次序(séquentialité)和整合(没有记忆)。第二种假设其实是自我在死本能回撤之后的崩解，我们在其中观察到"面对死亡威胁的一种死亡式的回应"[2]。这种观点与费伦茨(Ferenczi)的看法相近，它将人类碎片化和崩解的倾向视为死本能的一种表现。"早期的自我极度缺乏内聚力，于是整合的倾向与崩解、碎块化的倾向交替出现……内在被摧毁的焦虑持续存在。自我在焦虑之下倾向于分解成碎块，这似乎是由于他缺乏内聚力。"[3]如果类精神分裂的碎片化是碎块化(morcellement)的极端、阵发的表现形式，那么我们可以将忧郁症的抑制状态(动作迟缓、次序缺乏)视为联结崩解的一种体

---

[1] 参见 M. Klein, *Développements de la psychanalyse*, P. U. F., Paris, 1966 (*Developments in Psycho-analysis*, Londres, Hoghart Press, 1952)。

[2] 参见 Jean-Michel Petot, *Melanie Klein, le Moi et le Bon Objet*, Dunod, Paris, 1932, p. 150。

[3] 参见 M. Klein, *Développements de la psychanalyse*, *op. cit.*, pp. 276 et 279。

现。何以见得?

随着死本能的偏移,抑郁情感(affect dépressif)可以被解读为对碎块化的防御。的确,忧伤重塑了自我的情感内聚力,将其整体重新纳入情感的包围之中。抑郁情绪诚然是负性的自恋载体[①],但它为自我提供了一种整体性,尽管这种整体性是非言语的。由此,抑郁情感代替了失效和象征性中断(代替了抑郁者的"这没有意义")。与此同时,它保护了主体,使其不至于采取自杀行为。尽管如此,这样的保护作用非常脆弱。抑郁者身上的否定倾向不仅摧毁了象征的意义,也摧毁了行为的意义,从而将主体导向自杀行为,而不为崩解焦虑所困扰。自杀行为好比回归了古老的非整合状态,这样的状态既是致命的,同时又是欢愉的,"如汪洋一般"。

因此,类精神分裂的碎块化是对死亡,对躯体

---

① 安德烈·格林(*Narcissisme de vie, Narcissisme de mort*,Éditions de Minuit,Paris,1983,p. 278.)这样定义"负性自恋"(narcissisme négatif):"除了将自我变成碎块使之回归自体性欲(auto-érotisme)之外,绝对的原初自恋(narcissisme primaire *absolu*)想要导向类似死亡的静止状态。它是对他者无欲望(non-désir)、对不存在和非生命的追求,是另一种进入不灭状态的方式。"

化或自杀的一种防御。相反，抑郁则可以避免类精神分裂碎片化的焦虑。但是，如果抑郁无法依赖于某种痛苦的爱欲化(érotisation de la souffrance)，那么它就无法成为对死本能的防御。某些人自杀前的平静或许正可以体现这种早期的退行。通过退行，被否认或麻痹的意识行为将死本能返回自我，重新找到自我非整合状态这一失落的天堂。这里没有他者，没有界限，这是一种不可触碰的关于完满的幻想。

因此，言说的主体(sujet parlant)不仅可以通过防御性的碎块化，还可以通过抑制-放缓，通过对次序的否认和对能指的消解来应对不快。这样的态度或许取决于某种幼稚化或其他神经生物学方面的特性。它是防御性的吗？抑郁者抵御的不是死亡，而是爱欲客体引发的焦虑。抑郁者无法承受生本能，他更愿意与物相处，直至负性自恋的边界，而负性自恋会将其引向死本能。他通过悲伤来对生本能设防，对死本能却不设防，因为他是物的无条件支持者。作为死本能的信使，忧郁者是能指脆弱性、生者不稳定性的同谋和见证者。

弗洛伊德并未像克莱茵一般巧妙地凸显本能冲动，尤其是死本能的戏剧性，但他似乎更为偏激。

对他而言,言说的存在除了权力之外还渴望死亡。在这一逻辑的顶端,欲望不复存在,欲望自身融入了传递的崩解和联结的崩解之中。我们可以将这个现象描述为生物和逻辑次序的崩溃,无论它是生物学意义上预先决定的,还是伴随前客体时期的自恋创伤而出现,抑或是攻击性的倒转所致,它最极端的表现方式都是忧郁。死本能是不是这种崩溃的原初印记(逻辑意义和时序意义上)呢?

事实上,如果"死本能"是一种理论推演,那么抑郁的经验同时使患者和观察者面对情绪谜团的挑战。

情绪是一种语言吗?

忧伤是抑郁的基本情绪。即使在双相抑郁的情况下,躁狂式的欣快与悲伤交替出现,后者依然是抑郁最主要的表现形式。忧伤将我们引入情感(affect)这一谜一般的领域:焦虑、恐惧或喜悦[①]。

---

① 关于情感,参见 A. Green, *Le Discours vivant*, P. U. F., Paris, 1971, et E. Jacobson, *op. cit.*。

忧伤无法被化约成任何言语或符号，和所有的情感一样，它是外部或内部创伤引发的能量转移（déplacement énergétique）的心理表征。在当前的精神分析和符号学理论之中，上述能量转移的心理表征的确切状态依然模糊不清：没有任何现有科学（尤其是语言学）的概念框架可以用来解释这一看起来极为基础的、前符号（pré-signe）和前语言（pré-langage）的表征形态。忧伤的情绪由有机体内部的兴奋、紧张或能量冲突引发，它并非对某一原因的特别回应（"我并不忧伤"是对 X，且仅仅是对 X 的回应，抑或是 X 的符号）。情绪是一种"泛化的移情"（transfert généralisé, E. 雅各布森），它关乎行为的全部以及所有的符号系统（从运动技能到演说以及理想化过程），但并不向它们认同，也不会将其扰乱。我们有理由认为，这里涉及的是一个古老的能量信号（signal énergétique），一种种系发生学意义上的遗传。但是，在人类的心理世界，它立即被纳入言语表征和意识的考虑范畴。尽管如此，这种"考虑"并非弗洛伊德所谓的"联结"的能量层面上的，弗洛伊德所探讨的"联结"的能量是可以言语化、可以关联、可以判断的。我们有理由认为，情感——尤其是忧伤——的表征是一些波动的能量投注（investissement énergique）：它们没有稳定到足以凝结成语言或其他符号，它们受控于移置（déplacement）和凝缩（condensation）等原初过程，却依赖于自我，于是它们通过自我记录下超我的威胁、控制和命令。因此，情绪是印记，是能量的中断，而不仅仅是单纯的能量。情绪将我们引至一种意义模式，这种模式在生物能量平衡的边界确保了想象界（imaginaire）和象征界（symbolique）的先决条件（或体现了它们的解体）。在动物性和象征性的边界，情绪，尤其是忧伤，是我们应对创伤的终极形式，是维持内在稳定的基本手段。如果说一个为情绪所困的人、一个沉浸在忧伤之中的人心理和精神都比较脆弱，那么情绪的丰富性、忧伤的多样化、有节制的悲伤或哀悼则表明这个人不容易得意扬扬，他情感细腻，喜欢斗争，创造力十足……

　　文学创作是一种见证情感的身体与符号的冒险：忧伤见证了分离，见证了象征；喜悦见证了胜利，正是这样的胜利将我安顿在人为和象征的世界里，而我尝试将这个世界与我在现实世界的经历对应起来。但是，文学创作用有别于情绪的素材来完成上述见证，将情感移置于节奏、符号、形式之中。

"符号学"(sémiotique)和"象征体系"(symbolique)①
成为在场的情感现实可交流的标记，读者对这样的

---

① 参见我的 *La Révolution du langage poétique*, Le Seuil,
Paris, 1974, chap. A. I.："关于'符号学'，我们借用了希
腊语中 σημεῖον 一词的含义：特殊的记号、痕迹、迹象、先
兆、证据、印刻或书写的符号、印记、痕迹、造型。……这就
是弗洛伊德精神分析通过假设冲动(pulsion)的产生及其
结构性安排(disposition)所指明的，也是将能量及其印刻
移置和凝缩的所谓原发过程(processus primaires)。少量
的能量经过个体的身体，这个个体随后将成为主体。在这
样的变化过程中，这些能量依据家庭和社会结构赋予身体
(依然是正在成为符号的身体)的限制而被安排。冲动既
是'能量的'负载，同时也是'心理的'印记，因此，冲动连接
着一个区域(chora)：一个由冲动构成的非表达性的整体，
以及冲动郁积而成的动荡却规范的变换。"(pp. 22 - 23)相
反，象征体系与判断和句子相关："我们将符号学(冲动及
其连接)与表意(signification)系统区分开，后者与命题或
判断有关，换言之，属于立场(position)的范畴。胡塞尔的
现象学通过意见(doxa)和命题(thèse)两个概念来阐明上
述立场性(positionnalité)，它是表意过程中的断裂，使得主
体与其客体的认同成为命题性(propositionnalité)的条件。
我们称引发表意立场的断裂为命题阶段(phase thétique)，
无论它是词还是句子的陈述：所有的陈述都需要认同，也
就是主体与其形象、在其形象内的分离，主体与其客体以
及在其客体内的分离；所有的陈述都预先要求它们在象征
性的空间里具有某种立场，这个空间连接了两个被分开的
立场，从而在一个'开放'的立场组合之中将其记录或重新
分配。"(pp. 41 - 42)

现实是敏感的(我喜欢这本书,因为它向我呈现了忧伤、焦虑和欢乐),但这现实是被支配、被分隔、被征服的。

象征性对等物/象征

如果说情感是内部和外部事件最古老的印记,那么我们如何进入符号的领域? 我们将顺着汉娜·西格尔(Hanna Segal)的设想继续推论。西格尔认为,经由分离(必须有"缺失",符号才会出现),孩子制造或使用了一些物件或声音,它们正是他的缺失(manque)的象征性对等物(équivalent symbolique)。随后,他以一种所谓抑郁的姿态尝试将忧伤符号化,忧伤将他淹没,同时在自我内部制造出一些异于外部世界的元素,并使之与遗失或转移的外在相对应:由此,我们面对的不再是对等物,而是真正意义上的象征(symbole)①。

----

① 参见 Hanna Segal, « Note on symbol formation », in *International Journal of Psycho-analysis*, vol. XXXVII, 1957, part. 6; trad. Franç. in *Revue française de psychanalyse*, t. XXXIV, n° 4, juillet 1970, pp. 685 – 696。

我们在西格尔的基础上进一步推断:在这种情况下,能够战胜忧伤的,不是自我与丧失的客体认同的能力,而是与第三方——父亲、形式(forme)、模式(schème)——认同的能力。这样的认同是否定或躁狂的条件("不,我并没有失去;我通过制造符号来召唤、宣告与我分离的客体,使之为我存在"),我们可以称其为菲勒斯认同(identification phallique)或象征性认同,它使主体能够顺利进入符号和创造的世界。这一象征性胜利中的支撑型父亲(père-appui)并非俄狄浦斯式的父亲,而是弗洛伊德理论体系中的"想象的父亲"(père imaginaire)、"个人的史前父亲"(père de la préhistoire individuelle),正是这个父亲保证了原初认同的完成。然而,个人的史前父亲必须能够在象征法律(Loi symbolique)中担任俄狄浦斯式父亲的角色,因为正是在父性的两个面相和谐结合的基础上,交际中那些抽象而随机的符号才能与史前认同的情感意义相联结,潜在的抑郁者死气沉沉的语言才能在与他者的交往中获得鲜活的意义。

比如,在与文学创作不同的情境下,抑郁的躁狂姿态这一象征形成的关键时刻可以表现为象征谱系的构成(由此而借用了一些属于主体真实或想象过往的专有名词,主体是这些名词的继承人或等同于这些名词。事实上,这些名词纪念的不仅仅是父亲的失败,还有对失去的母亲的怀念和依恋①)。

客体型抑郁(隐含着攻击性)或自恋型抑郁(逻辑上先于客体的力比多关系)。情感性(affectivité)与符号斗争,它超越符号,威胁符号,或者对其进行更改。基于上述图式,我们将要探讨的问题可以归纳如下:美学创作,尤其是文学创作,以及宗教话语(从其想象、虚构的本质而言)提供了一种机制,其诗律、人物之间上演的剧情、隐含的象征是主体与象征崩塌对抗的符号学表征。这种文学表征并非将道德苦楚的心际和心内成因(cause inter-et intra-psychique)意识化这一意义上的建构;它因此区别于致力于消除这一症状的精神分析。但是,这种文学(和宗教)表征无论在真实还是想象层面都是高效的,相比建构,它更属于净化(catharsis)层面;在漫长的岁月中,它是所有社会都在使用的一种治疗方法。如果精神分析自认为是更为有效的治疗手段,尤其是通过增强主体认知可能性的方式,那么它就要继续自我充实,多关注心理疾病升华式的解

① 参见本书第六章第 220—229 页关于奈瓦尔的论述。

决办法，应当致力于成为一种清醒的抑郁抵抗者（contre-dépresseur lucide），而不是以抵消的方式来对抗抑郁。

死亡无法表征吗？

在指出潜意识由快乐原则支配之后，弗洛伊德依据这一逻辑推断，认为潜意识里没有死亡的表征。潜意识不知否定，因而也不知死亡。死亡是非原乐（non-jouissance）的近义词，是菲勒斯剥夺（dépossession phallique）想象的对等物，因而它无法被看见。或许正因为如此，它才开启了通向思辨的道路。

然而，临床经验将弗洛伊德引向对自恋[①]的研究，并由此发现了死本能[②]以及第二拓扑论[③]（seconde topique）。他提出了这样一种关于心理机制的观点：生本能有可能被死本能所支配，因此，关

---

① « Pour introduire au narcissisme », 1914.

② « Au-delà du principe de plaisir », 1920.

③ « Le moi et le ça », 1923.

于死亡的表征可以通过其他术语来实现。

阉割恐惧(peur de la castration)此前一直被认为隐藏于意识层面的死亡焦虑之中,它并没有消失。面对失去客体的恐惧(peur de perdre l'objet)和自己作为客体而丢失的恐惧(peur de se perdre comme objet,忧郁和自恋型精神病的根源),它隐匿了。

安德烈·格林指出了弗洛伊德的这一思想变化留下的两个问题。[1]

首先,死本能究竟如何表征? 我们或许可以将弗洛伊德的说法颠倒过来,对于"第二个弗洛伊德"而言,不为潜意识所知的死本能是一种"超我的培育"(culture du surmoi),它将自我分成两部分,一部分将其忽视却也受其影响(这是无意识的部分),另一部分与之斗争(这是狂妄自大的自我,否认阉割和死亡,幻想永生)。

然而,更为根本的是,这样的分割难道不是存在于所有的话语之中吗? 象征通过否认(dénier,德语:Verneinung)丧失而得以建构,而对象征的拒认(désaveu,德语:Verleugnung)产生了一种类似于对

---

[1] *Narcissisme de vie, Narcissisme de mort*, *op. cit.*, p. 255 sq.

丧失客体的仇恨和控制的心理印记①。这就是我们从话语的空白、元音、节奏、失去活力的单词音节之中能够了解到的，它们需要精神分析师通过对抑郁的分析来重构。

因此，如果说潜意识里没有死本能的表征，那么是否应当创造心理机制的另一层面，死本能——与原乐同时——在其中记录其非存在的存在状态（l'être de son non-être）？这是分裂的自我（moi clivé）的产物，一种幻想和虚构的建构（总体而言，属于想象和书写领域），显示了中断、空白或间隙，而死亡对于无意识而言正是一种中断、空白或间隙。

形式的解体

想象的建构将死本能变成对父亲的爱欲化攻击或对母亲身体带着恐惧的憎恨。如我们所知，弗洛伊德在发现死本能力量的同时，将其研究兴趣从第一拓扑论（意识/前意识/潜意识）转向第二拓扑论，并由此开始更多地分析想象性的创作（宗教、艺

---

① 参见本书第二章"言语的生与死"。

术、文学）。他在其中发现了一些死亡焦虑的呈现[1]。死亡焦虑并不能简单地归纳为阉割焦虑，它包含阉割焦虑，并在此基础上增加了创伤，以及身体和自我完整性的丧失。这是否意味着，死亡焦虑在我们所谓"超意识"（transconscient）的结构中有所表征：或许是在拉康分裂主体（sujet clivé）的想象性建构之中？

还需要指出的是，对潜意识本身的另一种解读可以在其自身的结构之中——就像某些梦境向我们揭示的那样——找到关于表征的非典型间隙（intervalle areprésentatif de la représentation），这一间隙不是死本能的符号（signe），而是其迹象（indice）。边缘型人格、类精神分裂人格和处于幻觉之中的人，他们的梦境往往是"抽象画"或者一连串的声音、一些线条和织物的糅杂，精神分析师从中发现了心理和身体统一性的解体，或者说是一种非整合的状态。我们可以将这些迹象视为死本能的终极印记。除了死本能形象化的、被移置的（因为它是

---

[1] 比如《图腾与禁忌》（Totem et Tabou，1913）中对父亲的谋杀或《怪怖者》（"L'inquiétante étrangeté"，1919）中极度危险的阴道。

爱欲化的）表征之外，当形式被改变、变抽象，被毁形、变空洞（可被铭记的错位和原乐的终极边界）之时，我们可以在形式的解体（dissociation de la forme）中窥见心理零度处死亡自身的工作。

此外，死亡的不可表征还与一个不可表征的他者相关——彼岸世界死亡灵魂最初的居所和最后的安息之处。在神话思维里，它便是女性的身体。潜藏于死亡焦虑之中的阉割恐惧或许可以从一个重要侧面解释缺乏阴茎的女性与死亡之间的普遍联系。然而，关于死本能的假设还需要另一种推论。

致命的女人

无论对于男人还是女人，丧失母亲既是一种生理需求，也是一种心理需求，是走向独立的第一步。弑母是我们的生命需求，是我们走向个人化不可或缺的条件，只要它以一种适宜的方式进行，并且可以被爱欲化：要么丢失的客体作为爱欲客体被重新寻回（比如男同性恋和女同性恋），要么丢失的客体经由一种不可思议的象征作用而被转移，这种象征作用令人赞叹，它将他者爱欲化（在女性的异性恋中，他者指的是另一性别），或者将文化建构变成"升华了的"（sublimé）爱欲客体（比如男性或女性对社会关系、智力和美学创作的投注等）。当弑母冲动受到阻碍，根据个体以及社会阶层的宽容度不同，其最严重或最不严重的暴力方式是反转向自我：因母亲作为客体被内化，抑郁者或忧郁者将自我处死以取代弑母。为了保护母亲，我将自己置于死地，因为我知道——这样的"知道"带有幻想和保护色彩——这一切来源于她，来源于致命的"她即地狱"（elle-géhenne）。由此，我的恨是安全的，我的弑母引发的罪咎感被消除了。我将死神的形象赋予她，避免自己因仇恨而分裂成碎块，当我与她认同时，仇恨指向自我，因为这种憎恨的情绪原则上是指向她的，是一座大坝，用以抵御给我带来困扰的爱，使我能够变成一个独立的个体。因此，死亡的女性形象不仅是我的阉割恐惧的一道屏障，同时也是想象的抵抗弑母冲动的屏障，如果没有这样的表征，弑母冲动将让我成为忧郁者，否则它将把我推向犯罪行为。不，她是致命的，所以我不能通过自杀的方式来将她杀死，我攻击她，纠缠她，取代她……

如果一位女性对母亲的镜像认同（identification spéculaire）、对母亲身体与自我的内摄更为直接，那么她身上弑母冲动向致命的母亲形象的反转会更加困难，或者说是不可能的。的确，既然我是她（从性和自恋层面而言），她是我，那么她怎么可能是嗜血的厄里倪斯（Erinyes）？因此，我对她的仇恨没有被导向外部，而是封闭于自我之中。不存在仇恨，有的仅仅是一种自我囚禁的内爆式的情绪，这种情绪悄悄地、慢慢地把我杀死，给我带来持续的酸楚和忧伤，甚至导致我或多或少地服用致命的安眠药以期重新找回……最后发现我什么也没有找到，除了我假想的完整性，以及让我自我实现的死亡。同性恋身上同样有这种抑郁的心理结构：当他不沉醉于与另一名男子的施虐激情之中时，他是一个迷人的忧郁者。

女性的永生幻想的基础或许在于雌性的种系传播和单性生殖之中。此外，人工繁殖的新技术赋予了女性身体无可置疑的生殖可能性。如果说女性在种系生存中的这种"万能"的特质会因技术（技术使得男性受孕成为可能）而被削弱，男性受孕很可能还是只会吸引一小部分人，尽管这种方式满足了大部分人雌雄同体的幻想。但是，女性永生、超越死亡的信念（圣母玛利亚便是其完美的体现）中本质的部分更多植根于"负性自恋"，而不是上述生物可能性之中，在这些可能性中，我们看不清通向心理机制的"桥梁"。

在极端情况下，负性自恋不仅削弱了针对他者的攻击情绪（弑母），也缓解了自身的悲伤之情，取而代之的是一种"汪洋般的虚空"。这是一种痛苦的感觉和幻想，但这种痛苦是被麻痹的痛苦，是一种被悬置的原乐；一种既空虚又充实的期待和沉默。在这片致命的汪洋里，忧郁的女人是早已被遗弃于体内的已故之人，她永远无法向外攻击[①]。她腼腆沉默，与他人没有言语或欲望方面的联结，她在不断的自我攻击（道德层面和身体层面）中日渐枯萎。然而，这些攻击却无法为她带来足够的快感，直到那致命的一击——"死亡女人"（la Morte）与她并未杀死的"同一个人"（la Même）的最终结合。

一位女性为找到作为爱欲客体的异性需要付出的心理、智力和情感上的巨大努力再怎么形容也

---

① 参见本书第三章第二节"杀人还是自杀：行动的过失"和第三节"处女母亲"。

不为过。在阐述种系发生的相关理论时,对于男性因(曾经或正在)被剥夺女性(比如被原始部落父亲的冷酷和专横所剥夺)而完成的智力成就,弗洛伊德表现出了十分赞赏的态度。女性发现其不可见的阴道已经需要付出巨大的感觉、思辨和智力上的努力,而她过渡到象征界(ordre symbolique),以及与此同时过渡到某个性别异于原初母性客体的性欲对象,则是一个巨大的建构过程。在这个过程中,女性投入的心理潜能高于男性所需的心理潜能。这个过程顺利完成的证据,是小女孩早早觉醒,在学龄阶段她们的智力表现往往更为出色,以及她们会持续走向女性成熟。然而,她们所付出的代价是倾向于不断地欢庆对丧失客体的哀悼,而这样的哀悼会带来种种问题……客体也并非完全丧失,而是一直潜藏于女性轻松和成熟的"暗室"之中。除非对理想的大量内摄能够以其负面作用满足自恋,并且能够满足展现于世界权力舞台的憧憬。

第二章　言语的生与死

请留意抑郁者的言语(parole)：重复而单调。语句不连贯，句子被切断，衰竭，停滞。意群无法形成，重复的节奏、单调的旋律主宰着破碎的逻辑序列，将它们变成反复的、强迫式的唠唠叨叨。最后，当这种简单的音乐自身开始衰竭，或者无法通过沉默而安顿，抑郁者似乎大声宣告其中断了所有观念的形成，陷入说示不能的空白或无序的混乱观念的泛滥之中。

破碎的连接：一种生物学假设

这种无法自拔的忧伤背后往往隐藏着一种真正的导致绝望的因素。在一定程度上，它或许是生物性的：神经流循环过快或过慢无疑与某些化学物质相关，而不同个体所拥有的此类化学物质是不同的[1]。

情绪、动作、行为或言语的连续由于统计学上的普遍性而被认为是正常状态。然而，医学观察发现，在抑郁状态下，这种连续的状态受到了阻碍：整体的行为节奏被打破，行为和序列缺乏实现的时间和空间。如果说非抑郁状态意味着连贯的能力，与之相反，抑郁者囿于其痛苦而无法保持连贯，因此，他无法行动，也无法言语。

"行动迟缓者"：两种模式

许多作者都曾强调过忧郁抑郁者身上典型的运动、情感和思维层面的迟缓[2]。甚至精神运

---

[1] 我们来回顾下这个领域药理学方面取得的进步：1952 年，德雷(Delaye)和德尼尔克(Deniker)发现了安定药(neuro-leptique)对兴奋状态所起的作用；1957 年，库恩(Kuhn)和克莱茵开始使用最早也是最主要的抗抑郁剂；20 世纪 60 年代初，休(Schou)掌握了锂盐的使用方法。

[2] 参见 Daniel Widlöcher(éd.), *Le Ralentissement dépressif*, P. U. F., Paris, 1983。该书由多位作者合作完成，梳理了这些研究成果的观点，提出了关于抑郁状态下迟缓的新观念："抑郁，是受困于某种行动体系之中，是根据某些以迟缓为特征的方式进行行动、思考和发言。"(*Ibid.*, p. 9.)

动性躁动(agitation psychomotrice)和妄想型抑郁
(dépression délirante),或者更广泛意义上的抑郁情
绪似乎都与迟缓密不可分①。言语迟缓与之类似:
语速慢,沉默的时间长且频繁出现,节奏放缓,语调
单一,句式上不会出现精神分裂症常见的紊乱和混
杂,但往往会出现一些令人费解的省略(宾语和动词
被省略,听者无法根据语境来推测被省略的内容)。

习得性无助(learned helpness/désarroi appris)
可以帮助我们理解抑郁性迟缓状态背后潜藏的过
程。其出发点是这样的观察发现:动物和人在没有
出路的情况下会学着退缩,而不是逃跑或者抗争。
我们称为抑郁性的迟缓或不行动的状态或许正是
一种习得的防御反应,用以面对没有出路的情境和
无可回避的冲击。三环类抗抑郁药似乎修复了逃
避的能力,由此我们可以假设习得性的不行动状态
与去甲肾上腺素耗竭(déplétion noradrénergique)和
胆碱能亢进(hyperactivité cholinergique)有关。

另一种模式则认为,所有的行为均由建立在补
偿基础上的自我刺激系统来统筹,该系统为反应的

① 参见 R. Jouvent, *Le Ralentissement dépressif*, P. U. F.,
Paris, pp. 41 - 53。

启动提供条件。由此，我们触及了"积极或消极强化系统"（système de renforcement positif ou négatif）这一概念。假设在抑郁状态下，上述系统会被扰乱，那么我们来研究下相关的结构和介质。关于这种扰乱我们可以做出双重解释。在去甲肾上腺素作用下，端脑内侧束这一强化对反应负责，迟缓和抑郁性的退缩或许正是由于上述强化结构的功能失调。同时，胆碱能介导的预防性"惩罚"系统的功能亢进可能是焦虑的基础[①]。在自我刺激和去甲肾上腺素调节中，端脑内侧束的蓝斑核（locus coereleus）可能发挥着至关重要的作用。相反，在涉及通过对惩罚的预期来取消反应的实验中，则是血清素增加。因此，抗抑郁治疗需要去甲肾上腺素的增加和血清素的减少。

许多作者强调了蓝斑核的这一重要作用，认为它是"诱发正常的恐惧或焦虑的'报警系统'的中继中心……蓝斑核直接接收从身体疼痛处传来的神经支配，并为针对重复刺激所做出的持续反应提供

---

① 参见 Y. Lecrubier, « Une limite biologique des états dépressifs », *Le Ralentissement dépressif*, P. U. F., Paris, p. 85。

证明,这些持续的刺激即便对于被麻醉的动物也是有害的。……此外,还有一些进出大脑皮层的途径,它们构成了反馈环,并解释说明了刺激的方向及其相关性可能对反应产生的影响。同样是这些反馈环提供了进入支撑情绪状态认知经验区域的可能"[1]。

作为"刺激"和"强化"的语言

我们分别从心理和生理层面论述了探讨疾病的两条路径,由此,我们可以重提语言对于人类的重要性这一问题。

在不得不分离、无法避免的冲击或者求而不得的情境之中,动物只能求助于行动,孩子则可以通过抗争或逃逸到心理表征和语言之中来寻求解决方案。他对抗争或逃逸,以及一系列的中间方式进行想象、思考和谈论,从而避免自己陷入毫无行动的困境之中,或因承受挫折、无法修复的伤害而不

---

[1] 参见 D. E. Redmond, Jr., 转引自 Morton Reiser, *Mind, Brain, Body*, Basic Books, New York, 1984, p. 184。字体强调为本书作者所加。

得不装死。然而，面对这种让人忧郁的逃避-抗争式的困境，若要使非抑郁的解决方案——装死[飞行/抗争（flight/fight）：习得性无助]——得以确立，则需要孩子深深地投入象征和想象规范之中。只有在这样的条件下，象征和想象规范才会成为一种刺激和强化。于是，他使得某些反应成为某种行动，这种行动潜在也是象征的，它经由语言被告知或仅仅在语言的行动之中被告知。如果象征维度被证明还不够，主体则会陷入不安之中，找不到出路，从而走向不作为或者死亡。换言之，在其异质性中，语言[原发和继发过程（processus primaires *et secondaires*），欲望、仇恨和冲突的思维及情绪载体]是一个强大的因素，它通过某种未知的调解机制在神经生物回路中发挥着激活的作用（相反情况下则为抑制）。在这个层面上，还有几个问题悬而未决。

抑郁者身上象征的失效究竟是临床上可以观察到的迟缓的一个元素，还是迟缓的基本前提之一？它是否源于神经元和内分泌回路的机能障碍？这些回路支撑了（以何种方式？）心理表征，尤其是词语的表征以及将其与下丘脑核相连的通道。又或者它仅仅是一种由家庭和社会环境引起的象征影响不够充分的结果？

精神分析并不排除第一种假设,但主要关注的是第二种假设。于是,我们想知道究竟哪些机制消除了主体身上的象征影响。主体已经获取了适当的象征能力,这种象征能力往往表面上符合社会规范,甚至是十分吻合。通过治疗的动力和阐释的特殊经济,我们尝试将其最佳力量恢复到言说机体(organisme parlant)这一异质整体的想象和象征层面。由此,我们需要探讨抑郁者对能指的拒绝(déni du signifiant),探讨原发过程在抑郁言语和阐释性言语中的作用,阐释性言语经由原发过程而成为"想象和象征的嫁接"。最后,我们还将探讨自恋认可(reconnaissance narcissique)和理想化(idéalisation)的重要性,以促进象征维度在病人身上的锚定,这意味着他将交流作为欲望、冲突甚至仇恨的参数而获取。

在此,我们将再次也是最后一次谈论关于"生物极限"(limite biologique)的问题。心理表征,尤其是语言表征的水平通过下丘脑的各种回路转化成大脑的生理事件(下丘脑核与大脑皮层及脑干边缘系统相连,大脑皮层的机能——究竟如何?——与感觉相关,而脑干边缘系统则与情感相关)。目前,我们还不知道这样的转化如何发生,但是,临床经验使得我们相信它的确发生了(例如某些话语的

"鸦片般的"兴奋或镇定作用)。当然,许多疾病——和抑郁——的起源可以归结为象征失效所引发的神经生理紊乱,它们仍然处于语言的影响无法触及的层面。因此,抗抑郁药的辅助作用在心理治疗中是必要的,它有助于重建最低限度的神经生理基础,从而使心理治疗得以开展,心理治疗可以分析象征的缺乏和关联,建构新的象征性。

感觉与大脑机能之间其他可能的转化

在抑郁话语中,语言顺序性的中断及其为一些超音段作用(opération suprasegmentale)(节奏、旋律)所替代的现象,可以解释为左脑为成全右脑的支配——这种支配也许只是临时的——而出现的机能不全。左脑负责语言的构建,而右脑控制的是情感和情绪及其"初级的""音乐的"、非语言的印记[1]。除了上述观察之外,我们还要补充大脑双重

---

[1] 参见 Michqel Gazzaniga, *The Bisected Brain*, Meredith Corporation, New York, 1970。许多著作都对左右大脑的上述象征功能的区分有所论述。

运作的模式：神经元、电的或有线和数字的，以及内分泌的、体液的、波动且模拟的运作[①]。大脑的某些化学物质，甚至某些神经递质似乎有着双重行为：有时是"神经元"性质，有时是"内分泌"性质。归根结底，鉴于大脑具有上述双重性，而激情主要与体液相关，我们可以称之为"波动的中心状态"（état central fluctuant）。如果我们承认语言也必须表现出这种"波动状态"，那么就必须在语言作用中找出哪些层面更接近"神经元大脑"（cerveau neuronal）（语法和逻辑的序列性），哪些更接近"内分泌腺大脑"（cerveau-glande）（话语中的超音段部分）。因此，我们可以认为意义的"象征方式"（modalité symbolique）与左脑和神经元大脑相关，而"符号方式"（modalité sémiotique）则与右脑和内分泌腺大脑相关。

但是，目前我们还无法在生物基础和表征水平之间建立起任何的关联或跳转，无论是语调还是句法、情绪还是认知、符号还是象征层面的表征。然而，我们不能忽略这两个层面之间可能的关系，并

---

① 参见 J. D. Vincent, *Biologie des passions*, Éd. O. Jacob, Paris, 1986。

探讨双方相互之间的影响（当然，这种影响是偶然和不可预测的），特别是双方给彼此带来的改变。

总而言之，如果去甲肾上腺素和血清素或其接收出现机能障碍，阻碍了突触的传导性，并可能调节抑郁状态，那么，在大脑星形结构中，这些突触的作用就不是绝对的①。这种机能不全可能被其他化学现象和大脑的其他外部行为（包括象征性的）所阻碍，大脑通过一些生物改变进行适应。事实上，与他者的关系体验中的暴力和乐趣最终都会在这片生物地貌上留下印记，并使抑郁行为这一图景得以完成。在对抗忧郁的战斗之中，精神分析师并不放弃化学作用，他支配着（或将支配）这种状态及其超越的一系列语言表达过程。在留意这些干扰的同时，他还要注意抑郁话语的特殊转变，并据此来建构自己的阐释性话语。

与抑郁的对抗使得精神分析师要思考主体相对于意义的位置，思考可能留下不同心理印记的语言的异质性维度。由于这种多样性，这些心理印记会有更多可能的途径进入大脑机能的不同层面，从

---

① 参见 D. Widlöcher, *Les Logiques de la dépression*, Fayard, Paris, 1986。

而进入有机体的各项活动。最后，从这个角度看，想象经验既是人针对象征的解除（这种解除内在于抑郁）所做的抗争的一种见证，同时也是可能丰富阐释性话语的一系列方法。

精神分析的飞跃：连接和转换

从精神分析师的角度，连接能指（言语或行为）的可能性似乎取决于是否完成了对某个早期且不可或缺的客体的哀悼，以及与之相关联的情绪。对物的哀悼，这种可能性来自某些标记（marque）的转换（transposition），这些标记来自与他者按照某种秩序而进行的互动，而转换则超越了丧失，在想象和象征层面得以完成。

符号学标记（marque sémiotique）摆脱了原初客体（objet originaire），它们首先依据原发过程（移置和浓缩）组合成一些系列（série），随后依据语法和逻辑的继发过程组合成意群和句子。今天，所有关于语言的科学都认为话语是一种对话：话语的安排，无论是节奏、语调还是句法层面，都需要两个对话者才能实现。这个基本条件已经强调了主体与他者之间必要的分离。然而,我们还必须强调这样一个事实:语序只有在用一种转换替代或多或少共生的原初客体的条件下才能实现,这种转换是一种真正的重构,它追溯性地为原初之物(Chose origi-naire)的幻象赋予了形式和意义。转换这一决定性的动作包含两个方面:对客体哀悼的完成(以及与之相伴的,对早期的物的哀悼)和主体进入符号的领域(准确地说,由于客体缺席而成为能指),这些符号只可能组合成一些系列。这一点可以在孩子的语言学习中得到验证,孩子是无所畏惧的流浪者,他离开温床,在表征的王国里重新寻找母亲。而抑郁者则是另一种见证人,与孩子相反,他放弃符号化而沉浸在痛苦的沉默或泪水的洗礼之中,以纪念与物的重逢。

转换(trans-poser),在希腊语中是 métaphorein,意思是运送,语言于是成为一种表述,但它是在一个与情感的丧失、放弃和破裂不同的层面之上进行的。如果我不同意失去妈妈,那么我就无法对她进行想象和命名。精神病儿童经历的是这样一个悲剧:他是一个无能的表述者,他不知隐喻为何物。抑郁话语则是精神病风险的"正常"外表:将我们吞没的忧伤、使我们无法动弹的动作迟缓也是抵御疯狂的一道屏障——有时甚至是最后的屏障。

言说的存在是否注定要在更远处、更边缘的地方不停地进行转换？这种系列的或句子的转换证明了我们建立一种基本的哀悼和相继的哀悼的能力。我们言说的天赋、为了某个他者而使自己在时间里定位的天赋只可能存在于深渊之外。从在时间里延续的能力，到热情的、博学的或仅仅是有趣的建构，言说的存在从根本上说需要一种断裂、一种放弃、一种不适。

对这一根本丧失的否认为我们打开了通往符号王国的大门，但是哀悼往往是未完成的。哀悼使得否认被动摇，它忆起一些符号，使之脱离了意义的中立性。哀悼为这些符号赋予了情感，使它们变得模糊、重复、叠韵，变得带有音乐性，有时甚至是变得疯狂。那么，表达——我们作为言说的存在的命运——便停止了其迈向元语言或外语的眩晕的步伐，元语言和外语是远离了痛苦之地的符号系统。表达努力使自己变得陌生，以期在母语里找到"一个完全的、崭新的、陌生于语言的词语"（马拉美），来捕捉那不可命名之物。于是，过剩的情感只能通过产生新的语言来展现自我，如奇特的连接、个人习惯用语、诗意的语言。直至原初之物的分量占上风，所有的可表达性失去可能。于是，忧郁最终走向说示不能，走向意义的丧失：如果我无法再表达或使用隐喻，那么我就闭嘴，我走向死亡。

对否认的拒绝

请再听听抑郁的言语，重复、单调或者空洞无意义，在说话人陷入沉默之前，这样的言语即便对他本人而言也是难以理解的。你会发现，对于忧郁者而言，意义是……随机的，尽管它是用大量的知识以及掌控的意愿建构起来的，但它似乎是附属的，被固定在说话者的头脑和身体附近。它或许是含糊的、不确定的、不完整的，几乎是缄默的："他"在与你对话之时已经确定言语是错误的，因而"他"与你的对话是漫不经心的，"他"与你对话，心里却对此存疑。

但是，语言学已经证明，对于所有的言语符号、所有的话语，意义都是随机的。相对于"笑"（rire）这一词的意义，尤其是相对于笑这一行为、其生理动作以及心理和反应层面的意义而言，RIRE 这一能指难道不是彻底无理由的吗？证据：同样的意思和行为在英语中用"laugh"来表达，在俄语里则是"smeiatsia"。然而，所有"正常"的说话者都学着认真对待这种人为的规定，学着对其进行投注或将其遗忘。

符号是随机的，因为语言始于对丧失的否认（dénégation，德语：Verneinung），与之相随的还有对哀悼引发的抑郁的否认。"我失去一个对我而言不可或缺的客体，最终发现，这个客体正是我的母亲。"言说的存在似乎在说，"不，我在符号之中将她重新寻回，或者更确切地说，因为我接受了失去她的事实，我并没有真正失去她（这就是否认），我可以在语言中重新找到她。"

相反，抑郁者对否认是拒绝的：他将其取消、悬置，他充满怀念，退缩至他所丧失的真正客体（物），他无法失去这一客体，痛苦地将自己与之拴牢。因此，对否认的拒绝（déni，德语：Verleugnung）或许是哀悼无法完成的机制，是对某种根本的忧愁和某种人为的、不可靠的语言的安顿，这种语言从痛苦的背景中分离出来，任何能指都无法进入这一背景，唯有语调间或能对其进行调整。

何谓"拒绝"，何谓"否认"？

我们所说的"拒绝"指的是对冲动（pulsion）与情感（affect）的能指和符号学代表的拒绝。"否认"指的是一种通过否定被压抑的内容使其得以表征的智力行为，它具有能指出现的性质。

弗洛伊德认为，拒绝或拒认（désaveu，德语：Verleugnung）适用于心理现实，心理现实属于感觉的范畴。这样的拒绝在孩子身上经常发生，在成人身上却成为精神病（psychose）的起点，因为它与外部现实相关[1]。然而，拒绝随后在对阉割的拒绝中找到原型，并构成恋物癖[2]。

我们将弗洛伊德拒认的范畴扩大了，但并未改变其在主体内部产生分裂的功能：一方面，它拒绝了创伤感觉的早期表征；另一方面，它以象征的方

---

[1] 参见 S. Freud，« Quelques conséquences psychologiques de la différence anatomique entre les sexes » (1925)，in *La Vie sexuelle*，P. U. F.，Paris，1969，pp. 123 - 132；*S. E.*，t. XIX，pp. 241 - 258；*G. W.*，t. XIV，pp. 19 - 30。

[2] 参见 S. Freud，« Le fétichisme » (1927)，in *La Vie sexuelle*，*op. cit.*，pp. 133 - 138；*S. E.*，t. XXI，pp. 147 - 157；*G. W.*，t. XIV，pp. 311 - 317。

式承认了它们的影响,并尝试从中得出结果。

但是,我们的概念更改了拒绝的对象。拒绝关乎的是缺失的符号和象征的内心印记,无论是根本的客体缺失,还是后期经过爱欲化而成为对女性的阉割。换言之,拒绝关乎的是这样的能指:它有可能留下一些符号学印记,并将其转换,使其为另一主体而在主体身上形成意义。

我们会发现,抑郁能指被拒认的价值体现了主体无法完成对客体的哀悼,且它常常伴随着关于菲勒斯母亲(mère phallique)的幻想。恋物便作为抑郁及其对能指的拒绝的解决方案而出现:在丧失客体之后,主体身心平衡遭到破坏,他拒绝内心的痛苦(痛苦的心理表现),恋物者用幻想或行动来替代这样的拒绝。

对能指的拒绝有赖于对父亲功能的拒绝,而正是父亲功能使能指得到保证。抑郁者的父亲被维持在理想父亲或想象父亲的功能之中,他被剥夺了归属于母亲的菲勒斯力量(puissance phallique)。这位父亲富有魅力,或者说是个诱惑者,他脆弱、讨人喜欢,他将主体维持在激情之中,却没有为主体提供通过象征的理想化获得出路的可能性。当这种情况发生时,它依赖于母亲式的父亲,并走上升华的道路。

弗洛伊德在《论否认》（"Die Verneinung"）中维持了否认这一概念，同时也使它变得更为模糊。它所指涉的是一个将欲望与无意识观念的某方面引入意识的过程。"由此产生了一种对被压抑内容的智力层面的接受，而压抑的本质却仍然存在。"①"思考通过否定的象征而超越了压抑的限制。"②通过否认，"表征或思想中被压抑的内容可以进入意识层面"③。病人对他们自身潜意识的防御是一个可以观察到的心理过程（"不，我不爱他"意味着用一种否定的方式来承认这份爱），这个心理过程正是产生逻辑和语言象征的心理过程。

我们认为，否定性（négativité）与言说的存在的心理活动是同外延的。其形式有否认、拒绝和排除（forclusion），它们可以导致或更改压抑、阻抗、防御或审查。无论它们之间存在怎样的差异，它们总是

---

① 参见 S. Freud, « Die Verneinung » (1925), in *Revue française de psychanalyse*, Paris, 1934, Ⅶ, n°2, pp. 174 - 177。对比翻译见 *Le Coq-Héron*, n°8; *S. E.*, t. ⅩⅨ, pp. 233 - 239; *G. W.*, t. ⅩⅣ, pp. 11 - 15。

② 参见« Die Verneinung »，对比翻译见 *Le Coq-Héron*, n°8, p. 13。

③ *Ibid.*

相互影响、相互制约。所有的"象征天赋"（don symbolique）都是分裂的，言语能力是恋物（哪怕只是象征自身的恋物）和精神病（即使它被"缝合"）的潜在承载者。

然而，不同的心理结构以不同的方式被这一否定过程所主导。如果排除（德语：Verwerfung）战胜了否认，那么象征就会崩塌，与此同时它会抹去现实：这是精神病的经济学。在病症良性发展的情况下，能够走向排除的忧郁者（忧郁型精神病）的特征是拒绝支配着否认。隐藏于语言符号之下的符号学基础（丧失及阉割的情感和冲动的代表）被拒绝了，使语言符号对主体产生意义的心理价值因而被取消。由此，创伤记忆（童年或近期失去父亲或母亲）没有被压抑，而是不断被唤起，因为对否认的拒绝阻止了压抑的工作，或者至少是其代表性的部分。上述唤起和压抑的表征无法导向丧失的象征建构（élaboration symbolique），因为符号无法捕捉丧失的初级内心印记（inscription primaire intrapsychique），并通过这种建构将丧失消除：相反，它们无力地重复着。抑郁者清楚，他完全受自己的情绪所左右，但他不愿意让这些情绪进入话语。他知道自己因为与母亲自恋式的包裹相分离而痛苦，但他不断地维持对这个无法割舍的地狱的全能支配状态。他知道母亲没有阳具，却设法使之在幻想和他的"被释放的""不得体的"话语中出现，与此同时，他进入了与菲勒斯权力的竞争之中，而这种竞争往往是致命的。

在符号层面，分裂（clivage）既将能指与所指对象（référent）分开，又将其与（符号学的）冲动印记分开，并使得三者同时贬值。

在自恋层面，分裂在保留全能的同时也保留了破坏性和毁灭的焦虑。

在俄狄浦斯欲望层面，它在阉割恐惧和关于母亲以及自己菲勒斯的无所不能的幻想之间摇摆。

拒绝引发分裂，并同时使得表征和行动失去活力。

然而，与精神病患者相反，抑郁者保留了一个不被承认、被削弱、模棱两可、价值被贬低的父亲能指，这一能指会一直持续，直至出现说示不能的状态。在这一状态将其笼罩之前，在其将父亲和主体带入沉默的孤寂之前，抑郁者不会放弃符号的使用。他保留了符号，但这些符号是荒诞而缓慢的，随时可能消失，因为分裂也触及了符号自身。由于抑郁符号并不连接由丧失引发的情感，它不仅拒绝

了情感,同时也拒绝了能指,由此而承认抑郁主体
仍然是(物的)未丧失客体的囚徒。

抑郁者的情绪反常

如果说抑郁者对能指的拒绝提示了关于倒错
的机制,那么有两点值得探讨。

首先,抑郁中的拒绝拥有比倒错的拒绝(déni
pervers)更强的力量,倒错的拒绝触及了主体身份
(identité subjective)自身,而不仅仅是被颠倒(同性
恋)或倒错(恋物癖、暴露癖等)所质疑的性身份
(identité sexuelle)。拒绝甚至会消除抑郁者的内摄
(introjection),给他留下无价值、"空洞"的感觉。抑
郁者自我贬损、自我毁灭,他消除了客体的所有可
能,而这其实也是将客体留住的一种间接方式……
他将客体留在别处,使之无法触及。抑郁者所保留
的仅有的客体性痕迹是情感。情感是抑郁者的部
分客体(objet partiel):他的"倒错"就像一种毒品,
使他能够通过对非客体的物施加这种非言语的、不可
名状的(因而也是不可触及的、无比强大的)影响,从而
维持一种自恋性的内环境稳定(homéostase)。因此,

抑郁情感——及其在治疗和艺术作品中的言语化——是抑郁者倒错的甲胄，是他模糊的快感的源泉，它填补了空洞、消除了死亡，使得主体不至于自杀或沦为精神病患者。

　　同样地，从这个角度而言，不同形式的倒错似乎是抑郁拒绝（déni dépressif）的另一面。克莱茵认为，两者都有避免进入"抑郁状态"（position dépressive）[①]的作用。然而，颠倒和倒错似乎由拒绝来承载，拒绝并不触及主体身份，却扰乱了性身份，它通过自体性欲、同性恋、恋物癖、裸露癖等方式为自恋的力比多内环境稳定的产生（堪比虚构的制作）留下了空间。这些行为以及与部分客体的关系使得主体及其客体幸免于整体的毁灭，并通过自恋的内环境稳定而获得了与死本能相对抗的活力。由此，抑郁被隐去，代价是往往令人难以忍受的对倒错戏剧的依赖，这出戏剧呈现的是客体和全能的关系，它们

---

① 参见 M. Mahler, *On Human Symbiosis and the Vicissitudes of Identification*, vol. Ⅰ, New York, International University Press, 1968; Joyce Mac Dougall (« Identifications, Neoneeds and Neosexualities », in *International Journal of Psycho-analysis*, 1986, 67, 19, pp. 19 - 31.), 作者在文中分析了倒错"戏剧"里的拒绝机制。

避免直面阉割，并屏蔽了前俄狄浦斯分离的痛苦。通过行动消除了幻想，幻想的脆弱性证明了倒错者精神运作层面对能指拒绝的恒久性。这一特征又接续到抑郁者所经历的象征的不可靠性，以及因某些行为而陷入躁狂的兴奋状态，这些行为只有在被认定为无意义之时才会变得无度。

在忧郁-抑郁组合的神经症层面，倒错行为和抑郁行为交替出现是很常见的。它表明了围绕同一机制（拒绝机制）的两种结构之间的衔接。对于主体结构的不同元素，上述机制有着不同的强度。倒错的拒绝没有触及自体性欲和自恋。由此，自体性欲和自恋可以自我调动来抵御空洞和仇恨。相反，抑郁的拒绝则直接触及了自恋的一致性表征的可能性，从而剥夺了主体自体性欲的愉悦感及其"狂喜的升天体验"。于是，自恋式的退缩被超我以一种受虐的方式掌控，这个超我缺乏调停机制，它使得情感缺乏客体（哪怕只是部分地），情感在意识层面表现出丧偶、哀悼、痛苦的状态。这种源自拒绝的情感上的痛苦是一种无意义的感觉，但它成了对抗死亡的屏障。当这一屏障也退让之时，唯一可能的结果或者行为便是断裂、不连贯的行为，死亡的无意义由此变得必要：对他人的挑战（他人作为被遗弃者重新被寻回），或者通过某种致命的行为来实现主体的自恋巩固，使得主体被认可，因为此前他一直都身处双亲象征的契约之外，（双亲或者他自身的）拒绝将其阻隔于此处。

因此，抑郁者身上对拒绝的否认是避免"抑郁状态"核心之所在，它不一定会给这种疾病带来倒错的色彩。抑郁者是倒错者，但他并不自知：他甚至倾向于忽略这一点，他向行为的过渡可能是阵发的，没有任何象征化能够满足这样的过渡。诚然，苦难带来的乐趣可能会导向一种忧郁的快乐，这种快乐许多僧人都曾体验过，陀思妥耶夫斯基也曾颂扬过。

正是在双相情感障碍躁狂的一面中，拒绝得以出现，并发挥它全部的作用。当然，它一直都存在，只是以一种秘密的方式：作为阴险的伴侣和悲伤的抚慰者，对否认的拒绝建构了某种怀疑的意义，使沉闷的语言变得不可信。在抑郁者冷漠的话语中，它提示了自己的存在。这种话语拥有一种它无法施展的技巧：不要轻信太乖的孩子，也不要轻信平静的水面……然而，在躁狂者身上，拒绝超越了忧伤所依赖的双重否定：它登上舞台，成为建立屏障以对抗丧失的工具。它不会仅仅满足于建构一种错误的语言,而是拼凑一系列替代性的爱欲客体:比如鳏夫或寡妇的钟情妄想(érotomanie),与疾病或残疾相关联的自恋创伤的狂欢式补偿等。美学的提升(通过典范和技巧,提升到按自然语言规范所进行的普通建构和大众化的社会准则之上)可能具有这种躁狂行为的性质。如果美学提升停留在这个层面,那么作品就会以错误的形式出现:赝品、仿制品或摹本。相反,能够使作者及其受众得以重生的作品是那些成功地将全能自我的无名激情纳入人造语言(新的风格、新的构思、出其不意的想象)之中的作品,当前的社会和语言习惯使得这个全能自我一定程度上处于哀悼和孤独的状态之中。因此,这样的虚构即使不是一种抗抑郁药,至少也是一种劫后余生、一种死而复生……

随机与空洞

绝望的人因为否认的取消而变得异常清醒。一个随机的、有意义的片段对于他而言显得沉重而粗暴地任意:他觉得这个片段荒谬、无意义。生活中没有任何一个词、任何一个物件能找到一种协调且恰当的通往某种意义或所指对象的途径。

被抑郁者感知为荒诞的这个随机片段与参照的丧失并存。抑郁者不谈论任何东西，他无话可说：他与物密切相连，他没有客体。这个完整且无法符号化的(insignifiable)物是微不足道的：它是无(Rien)，是他的无，是死亡。主体与符号化的客体(objet signifiable)之间的鸿沟表现为符号化连接(enchaînement signifiant)的不可能性。但这样的放逐揭示了主体自身的深渊。一方面，客体与能指，只要它们被等同于生命，便会被否认，从而具有了无意义的价值：语言和生命都没有意义。另一方面，通过分裂，某种强烈而荒诞的价值与物无关联了起来：与无法符号化和死亡相关联。抑郁的话语由荒诞的符号，缓慢、停顿、支离破碎的片段构成，它呈现了意义在不可命名之中的崩塌。在此，它因为附着于物之上的情感价值而遭损坏，同时变得不可触及却又十分诱人。

对否认的拒绝剥夺了语言能指对主体表意的功能。尽管这些能指本身具有某种内涵，它们却被主体感知为空洞(vide)，因为它们与符号学痕迹(trace sémiotique)无关，而这些痕迹是冲动的代表和情感的表征。随后，这些早期的心理印记摆脱了束缚,在投射性认同中可以被视为类客体(quasi-objet),它们促成了向行为的过渡。在抑郁者身上,这种过渡取代了语言[①]。情绪的爆发,直至侵入身体的麻木,是向行为的过渡又回到了主体自身:压抑的情绪是一种由于对能指的拒绝而无法实现的行为。此外,在谋杀或自杀发生前以及发生时,狂热的防御行为遮蔽了众多抑郁者无法安抚的忧伤,它是象征残余的一种投射:他的行为因为否认而失去了意义,被当作排除出去或回到自身的类客体,此时主体自身被拒绝所麻痹,处于一种极度的漠然状态。

精神分析假定抑郁者拒绝了能指,但并不因此而排斥使用生化手段来弥补神经缺陷,这种假定保留了强化主体思考能力的可能性。通过分析,即消解抑郁者所深陷其中的拒绝的机制,精神分析治疗可以通过一种象征潜力的真正"嫁接",使主体能够拥有一些混合的话语策略,这些策略可以在情感印记、语言印记、符号学与象征的交会处发挥作用。

---

① 参见本书第三章第二节"杀人还是自杀:行动的过失"第114页及随后的数页,以及第三节"处女母亲"第124页及随后的数页。

这样的策略是分析中理想的阐释给予抑郁患者的真正的抗抑郁元素。相应地,分析师要对抑郁患者产生良好的共情。通过共情,元音、辅音或者音节才能从能指链中分离出来,并根据话语的总体意义来进行重构,分析师通过对患者的认同而获取其话语的意义。这是一个语言之下,同时也是跨语言的领域,需要参照"秘密"和抑郁者无法言说的情感来理解。

死亡的语言和被活埋的物

在抑郁者身上,意义(极端的情况下是生活的意义)惊人的崩塌使我们可以预设抑郁者无法整合普遍的能指链——语言。在理想状况下,言说的存在与他的话语是一体的:言语难道不是我们的"第二天性"吗?相反,抑郁者所说的对于他而言就像一层奇怪的皮肤:忧郁者是自身母语里的异乡人。他失去了他的母语的意义——价值,因为他不曾失去他的母亲。他的死亡语言(langue morte)宣告了他的自杀,背后隐藏着一个被活埋的物。但是,为了不背叛这个物,他不会将其表露:这个物将被禁锢在无法言说的情感的"地下室"①之中,它以肛欲的形式被捕捉,没有出路。

一位常受忧郁困扰的病人来见我。首次来访时她穿着一件颜色鲜艳的女式长袖衬衫,上面印满了"家"(maison)这个单词。她与我谈论关于房子的忧虑,谈论不同材质的建筑,以及关于一座非洲房子的梦境,那是她童年的天堂,后来她因家庭的悲惨遭遇而失去这座房子。"你在哀悼一座房子。"我对她说。

"房子?"她回答道,"我不明白,我不知道您想说的是什么,我不知道该说什么!"

她滔滔不绝地说着,快速而激昂,冷淡而抽象的兴奋中透着紧张。她不停地借助于语言。"作为老师,"她说,"我被迫不断地说话。但是,我在解释别人的生活,自己却不在其中。甚至当我谈论自己的生活时,我感觉自己似乎

---

① 亚伯拉罕和托罗克(M. Torok)发表过许多关于哀悼、抑郁和类似结构中心理"地下室"的内摄及其构成的研究。参见 N. Abraham, *L'Écorce et le Noyau*, Aubier, Paris, 1978 等。我们的阐释有别于上述策略,但出发点同样是临床上观察到的抑郁者身上的"心理空洞"。

是在说某个陌生人的故事。"她将忧伤的对象
印刻在肌肤血肉的痛苦之中，甚至印刻在她贴
身穿着的衬衫之上。但是这个对象并没有进
入她的精神生活，而是从她的话语中逃逸出
来，或者更确切地说：安娜的言语放弃了悲伤
和她的物，从而建构了她的逻辑，及其被更改
的、分裂的一致性，正如我们为了逃避某种痛
苦而"不顾一切"地投入一项成功却差强人意
的工作之中。

抑郁者身上这一将语言与情感体验分离的鸿
沟让我们想到早年的自恋性创伤。这个创伤本来
有可能演变成精神病，但是超我的防御使其得以稳
定。某种非同寻常的智慧以及与父亲机制（instance
paternelle）或象征机制（instance symbolique）的次
级认同（identification secondaire）共同促成了上述
稳定。因此，抑郁者是一个清醒的观察者，他日夜
看守着自己的不幸和不适。在没有抑郁发作的"正
常"时期，这种强迫式的观察持续使他与自己的情
感生活分离。但他给人留下了这样的印象：他的象
征性盔甲没有被整合，防御性外壳没有被内摄。抑
郁者的言语是一副面具——用"陌生语言"雕刻出

来的美丽外表。

音乐般的语调

然而，如果说抑郁言语躲避了句子的表意，它的意义却没有完全枯竭。意义有时会躲藏在语调之中（在接下来的例子中我们将看到这种情况），要学会从听到的嗓音中辨认出情感的意义。一些关于抑郁者言语中语调变化的研究向我们揭示了（并且还将继续揭示）某些抑郁者的状况。他们在话语中表现得缺乏情感，但语调里隐藏着强烈而丰富的易感性（émotivité）；还有一些抑郁者身上的"情感钝化"（émoussement affectif）甚至触及了语调，他们语调平淡，穿插着沉默，与之并行的还有破碎成"不可恢复的省略"（ellipse non recouvrable）的语序[1]。

---

[1]　抑郁者的声音缺乏情绪波动和焦虑感，强度低，音色差，泛音少，语调单　。以下研究涉及这一现象：M. Hamilton, « A rating scale in depression », in *Journal of Neurology, Neurosurgery and Psychiatry*, n°23, 1960, pp. 56 - 62; P. Hardy, R. Jouvent, D. Widlöcher, « Speech and psychopathology », in *Language and Speech*, vol. XXVIII, part. I, 1985, pp. 57 - 79。从本质上讲，这些作者指出了行动

在精神分析治疗中,言语的超音阶元素(语调、节奏)可以引导分析师一方面去阐释声音,另一方面去打破平淡而失去生机的能指链,从而得出抑郁者话语中潜藏的意义。这些意义隐蔽在词语的碎片、音节或音节组之中,这些碎片和音节的语义往往较为特别。

在分析中,安娜说她处于沮丧、绝望的状态,感觉失去了对生活的兴趣,她常常连着几天待在床上,拒绝说话,拒绝进食(厌食和暴食交替出现)。她经常想吞下一整瓶安眠药,但从来没有真正走出这致命的一步。作为某个

迟缓之人身上韵律的衰退。然而,在精神分析临床上,我们听到更多的是抑郁症患者忧郁-抑郁组合中神经症的部分,而不是精神病的部分,而且往往是在严重的发作之后。在这个阶段,移情还是可能的。我们发现,患者语调单一,话语的频率和强度都很低,且注意力往往集中在声音价值之上。为超音段元素赋予意义似乎将抑郁者从对言语的全然漠视中"拯救"出来,同时赋予某些声音碎片(音节或音节组)一种情感意义,而这个意义已经从能指链中被抹去(正如我们将在下面的案例中看到的那样)。上述说明补充了(而非反驳)精神病理学关于抑郁者语音钝化的观察。

考古团队的一员,这位知识分子很好地融入了她的团队,但她总是贬低她的职业和成就,认为自己"无能""无用""不称职"等。在治疗开始时,我们分析过她与母亲之间的冲突关系,发现她将憎恨的母亲客体吞噬,并由此将母亲保留在自己内部,而这也成为她对自己的暴怒,以及她内心空洞感的源头。但是,我感觉,正如弗洛伊德所谓的"反移情的确信"(*conviction* contretransférentielle),言语交流导致了症状的合理化,而没有使之得以建构(Durcharbeitung)。安娜证实了我的这种想法。"我在说话,"她常说,"就好像是在词语的边缘说话,我感觉自己一直停留在肌肤的边缘,而我悲伤的底层却始终无法触及。"

我把这些话解释为,对与我进行带有阉割意味交流的癔症式拒绝。但是,我认为这解释还不够充分,因为谈话过程持续充斥着关于抑郁的抱怨,且对话过程常常出现沉默,有时是大段的沉默,有时沉默则以"诗意"的、难以辨认的方式将话语打断。我说:"在词语边缘,却在声音内部,因为当您跟我谈论这一无法言喻的忧伤的时候,您的声音显得局促不安。"我们很容易听出这一解释的诱惑作用。在面对抑郁患者的情境下,这样的解释或许可以穿透语言能指带有防御性且空洞的外表,而在声音印记中寻找对早期客体(前客体,物)的控制(Bemächtigung)。然而,这位患者早年患过严重的皮肤病,因此,她可能被剥夺了与母亲肌肤亲密接触的权利,也无法与镜中母亲的面容形象产生认同。我接着说:"因为无法触碰您的母亲,您把自己藏在肌肤之下,就是您所说的,'在肌肤的边缘';在这样的躲避之中,您将对母亲的欲望和仇恨封锁在您的声音里,因为您总是从远处听到她的声音。"

这里我们涉及的是初级自恋(narcissisme primaire)的问题。自我形象在此形成。更确切地说,未来的抑郁者的形象无法通过言语表征得以巩固,原因在于,对客体的哀悼没能在这样的表征中完成。相反,客体仿佛被某些情感埋葬和支配,这些情感被以嫉妒的方式保留下来,或许就保留在声音之中。我认为,分析师在阐释中可以,而且应该深入话语的声音层面,而不用担心僭越。这些情感因为对早期客体的控制而成为秘密,通过赋予其意义,分析过程中的解释不仅认可了这一情感,同时也认可了抑郁者给予它的秘密语言(在这里是音调的变化),使得它可以到达词语和继发过程(processus secondaire)层面。由此,到目前为止一直被认为是空洞的语言(因为它被情感和声音印记切断)重新焕发生机,可以变成主体的欲望空间,即意义。

这位患者话语中的另一片段显示了能指链表面的破坏能在多大程度上使她摆脱拒绝(抑郁者正是被困在这里),并给予她情感印记,而这些情感印记是抑郁者誓死也要保密的。从意大利度假回来之后,安娜跟我说了一个梦。有一个诉讼案,像是巴尔比(Barbie)的诉讼案:我提起控诉,所有人都信服,巴尔比被判决了。她感到大松一口气,觉得很放松,就好像是她本人从某一位施刑者的酷刑中解放出来。她说着话,心思却不在这儿,而在别处。这一切对于她而言都是空洞的,她更愿意睡觉,沉沦,死去,永不醒来,永远沉浸在一个痛苦却对她有不可抵抗的诱惑力的梦境之中,"没有任何形象"……在抑郁发作的间隙,她因与母亲以及伴侣之间的关系而饱受折磨,但我能听出这种折磨带来的躁狂式的兴奋。我同时也听到:"我在别处,温柔而痛苦的没有形象的梦境。"我想到了她关于生病、关于不孕的抑郁式的抱怨。我说:"表面上是施刑者(tortionnaires),但是,更深处,或者说在别处,在您的痛苦所在之处,或许是胸部出生(torse-io-naître)或者不出生(pas naître)。"

我把施刑者(tortionnaires)这个词拆解了:我折磨它,赋予它暴力。我听出安娜将这种暴力埋葬在她失去活力的、中性的言语之中。但是,我让词语中所带有的折磨显现出来,这些折磨来自我与她的痛苦之间的共谋关系:来自我对她的无法言喻的不适的专心倾听,这样的倾听具有重构的作用,能使她感到满足;来自痛苦的黑洞,安娜了解它的情感意义(sens af-fectif),却不了解它如何表意。这里的胸部也许指的是她自己的胸部,在无意识幻想的激情之中,她的胸部与母亲的胸部贴在一起。安娜小的时候无法贴近自己的母亲,现在,当这两个女人争吵之时,在言语的风暴之中,两副胸膛紧紧贴在了一起。她——Io——想要通过分析得以出生,来获取另一副躯体。但是,她与母亲的胸部连接在一起，却没有语言表征，她无法命名这一欲望，她不具备这一欲望的表意方式。然而，不具有欲望的表意方式也就是不具有欲望本身。这意味着成为情感、早期的物（chose archaïque）、情感和情绪原初印记的囚徒。这恰恰是矛盾心理占主导地位的地方，也正是在这里，对物-母亲的仇恨转变成对自我的贬低……安娜随后说的内容证实了我的解释：她放弃了关于折磨和迫害的躁狂问题，转而跟我谈论她抑郁的根源。此时，她正饱受对不孕的担忧以及想生女儿的愿望的困扰："我梦见我生了一个小女孩，她完全是我母亲的样子。但我之前常常跟您说，当我闭上眼睛，我无法想象出母亲的脸，就好像她在我出生之前就已经死掉，她同时也把我带进了死亡。现在我生了孩子，复活的却是她……"

加速与多样化

然而，由于与冲动和情感表现分离，抑郁者身上的语言表征链条可能具有良好的联想独特性

(originalité associative),这种独特性与周期速度
(rapidité des cycles)并行。与某些被动和运动迟缓
的表象相反,抑郁者的运动迟缓可能伴随着某个快
速且富有创造性的认知过程。某些科学研究证实
了上述观点。研究人员为抑郁者提供了一些词,抑
郁者由这些词得出的联想往往新奇而富有创造
性[1]。这种与符号相关的过度活跃(hyperactivité)
主要表现在将意义相距较远的语义场联系起来,这
让我们想起轻度躁狂者(hypomaniaque)常用的双
关语。它与抑郁者认知上的高透明度共存,同时也
与躁郁者无法决定或选择的特质并存。

60 年代,丹麦人休(Schou)开始用锂治疗抑郁
症。这种治疗不仅稳定了情绪,还稳定了语言的关
联性,在维持创作过程独创性的同时似乎还将其放
缓,降低其产出[2]。因此,我们可以和做出上述观察
的研究人员一样,认为锂能够中断多样化(variété)
的过程,将主体固定在某个词的语义场之中,将他
与某个意思关联起来,或许还能使他稳定在某个所

---

[1] 参见 L. Pons, « Influence du lithium sur les fonctions cog-
nitives », in *La Presse médicale*, 2, IV, 1963, XII, n° 15,
pp. 943 - 946.

[2] *Ibid.*, p. 945.

指对象-客体之上。此外,我们可以从这个测试(仅限于锂能够起作用的抑郁症)推断出,某些形式的抑郁可以导向关联的加速,从而使主体失去稳定,使主体得以逃脱与稳定意思或固定客体的交锋。

无法逝去的过往

我们所处的时间是我们的话语的时间。忧郁者奇怪的言语,缓慢或松散,使得他生活在一种偏离中心的时间性之中。这种时间性不会崩塌,前/后媒介无法将它统治,无法将它从过去引向某个目标。有这样一个时刻,它巨大而沉重,或许还带有创伤,因为承载了太多的痛苦或欢乐。这个时刻阻挡了抑郁时间性的前景,或者说剥夺了它所有的前景和视野。忧郁者固着于过去,退回某个无法超越的经验的天堂或地狱。忧郁者是一种奇怪的回忆。他似乎在说:一切都已经结束,但是我忠诚于这一过往,我被钉在那里,无法改变,没有未来……这一夸张的、畸形的过往占据了心理连续性的所有维度。对这种没有未来的记忆的依恋,或许也是将自恋客体保存起来的一种方式,是将他困在没有出口的个人墓穴之中以对其进行关爱的一种方式。忧郁者身上这种关于时间的特性是一个基本事实，在此基础上，昼夜节律的紊乱以及抑郁对某一主体的特定生物节律的精确依赖才得以发展[1]。

认为抑郁取决于某一时间而非某一地点的观点可以追溯到康德。康德[2]在思考怀旧病（nostalgie）这一抑郁的特殊变体时指出，怀旧者的欲望并非指向年轻时的某个地方，而是青春本身，他的欲望所追寻的是时间，而不是某个已经失去的物。弗洛伊德理论体系中抑郁者所固着的心理客体（objet psychique）也具备上述概念的性质：心理客体是一个记忆的现实，它属于"普鲁斯特式"的逝去的时光。它是一种主观建构，由此而从属于一种记忆。这种记忆是无法捕捉的，它在当下的每一次言语表达中被重构，它不在物理空间之中，而在心理机制的想象

---

[1] 关于这一话题以及一些更为专业的研究，参见泰伦巴赫精神病理学方面的思考：H. Tellenbach, *De la mélancolie*, P. U. F., Paris, 1979。

[2] 参见 E. Kant, *Anthropologie in pragmatischer Hinsicht*, 转引自 J. Strarobinski, « Le concept de nostalgie », in *Diogène*, n° 54, 1966, pp. 92 - 115。下文还会参考斯塔罗宾斯基关于忧郁和抑郁的其他作品，它们很好地阐明了我们历史和哲学角度的观点。

和象征空间之中。我的悲伤针对的与其说是此时此刻我所想念的村庄、母亲或爱人，不如说是我所保留的关于他们的不确定表征。他们变成了我心里的一座坟墓，我在坟墓的暗室里为这些表征着色。承认这一点，意味着将我的不适置于想象层面。抑郁者居住在这段被删除的时光之中，便也居住在想象之中。

正如我们屡次强调的，这样的语言和时间现象揭示的是对母亲客体无法完成的哀悼。

全能或投射性认同

为了把问题说得更清楚，我们需要回到克莱茵所提出的投射性认同（identification projective）这一概念。对孩子的观察以及精神病的动力机制促使克莱茵推断，最早的心理活动是将尚未成为自我（non encore-moi）的身上好的和坏的部分投射到某个尚未与他分离的客体身上，其目的与其说是对他者进行攻击，不如说是对其施加影响，进行一种无所不能的占有。由于某些生物心理特质束缚了自我理想的自主状态（精神运动障碍、听力或视力障碍以及其他疾病），上述口欲或肛欲的全能或许表现得更为强烈。父亲或者母亲的过度保护或焦虑行为其实是把孩子作为自恋的替代品，不断地将孩子作为成人心理修复的因素而将其吞并，这些行为会强化婴儿全能的倾向。

然而，这种全能通过前言语符号学（sémiologie préverbale）来表达：姿势、动作、声音、嗅觉、触觉、听觉。原发过程主导了这些早期控制（domination archaïque）的表达。

全能的意义

意义的主体已然存在，虽然通过语言来表意的主体尚未构建，需要等待才能形成抑郁。业已存在的意义（我们可以假定它由专断且早熟的超我支撑）由节奏和姿势、听觉、发音等机制构成。在此，快感（plaisir）在感官系列中被表述出来，这些感官系列是相对于物（物既带来兴奋又造成威胁）以及自我感觉混乱的第一次分化。由此，作为一个统一体，身体以有条理的不连续方式被呈现，它正在变成一个"真正意义上的身体"，它对性感部位（zone érogène)施加着最初的、过早的、流动而又强烈的控制，而此时的性感部位与前客体，与物-母亲是一体的。对于我们而言，心理层面的全能是符号学节奏的力量，它反映了尚且无法符号化的前客体身上大量存在的意义。

我们所谓的意义是婴儿记录父亲欲望能指，并以自己的方式并入其中的能力。他表现出自己的符号学天分，这种天分使他能够在原发过程层面掌握某个"尚未形成的他者"（non encore autre，即物），而这个"尚未形成的他者"被并入正在符号化的婴儿的性感部位之中。然而，如果这个全能的意义没有在符号化过程中被投注，那么它不过是"死气沉沉的字母"。悲伤将抑郁的意义与母亲一起幽禁在墓穴之中，精神分析的阐释工作即在墓穴中寻找抑郁的意义，把它与客体和欲望的符号化关联起来。这样的阐释取代了意义的全能，相当于抑郁状态的确立，而这种状态是被具有抑郁结构的主体所拒绝的。

我们说过，与客体的分离开启了所谓的抑郁阶段。我失去了母亲，依靠否认来自我支撑，与此同时，我将她作为符号、形象、词语而重新获取[1]。然而，全能的孩子并未放弃先前投射性认同的妄想-

――――――――――

[1]　H. Segal, *op. cit.* 参见本书第一章第 35 页及随后的数页。

类分裂状态（position paranoïde-schizoïde）下模糊的
欢乐。在这样的状态之中，他所有的心理活动都寄
托在某个与他相融合、无法与之分开的他者身上。
又或者，孩子拒绝分离和哀悼，他没有进入抑郁状
态，没有进入语言，而是躲进一种消极的状态，这其
实是一种由投射性认同主导的类分裂妄想状
态——拒绝说话（这也解释了某些语言发展迟缓的
状况）其实是把全知全能和初级控制（emprise pri-
maire）强加给了客体。孩子也可能通过对否认的
拒绝来达成妥协。通常情况下，对否认的拒绝能
够使他通过建立某种象征体系（尤其是通过语言
的建构）来完成哀悼。和其他人一样，主体将不快
的情感封存在心理内部（dedans psychique），由此形
成的心理内部充满痛苦，而又不可触及。这种痛
苦的内里由符号学印记而非符号组成[1]，它是那喀

---

[1]　关于符号学（sémiotique）与象征（symbolique）的区别，参见
　　我的 *Révolution du langage poétique*，Seuil，Paris，1974，
　　以及本书第一章第 35 页。让·欧利（Jean Oury）指出，因
　　为被剥夺了大他者（Grand Autre），忧郁者寻找一些难以捉
　　摸却极其重要的参照，直至遇见"无边界"的"恐怖时刻"。
　　（参见 Jean Oury，《 Violence et mélancolie 》，in *La Vio-
　　lence, actes du Colloque de Milan*，10/18，Paris，1978，
　　pp. 27 et 32。）

索斯不可见的脸，是他眼泪的秘密源头。对否认的拒绝就像一堵墙，将主体的骚动与象征建构分离开来，他能够获取象征建构（往往是非常夺目的）正是由于重复的否定。忧郁者的内心悲伤而神秘，他是一个潜在的流放者，同时也是能够出色地进行抽象建构的知识分子。抑郁者身上对否认的拒绝是全能的一种逻辑表达。通过空洞的话语，他确保了对早期客体的控制，这种控制是无法触及的，因为它是"符号学的"，而非"象征的"，而早期客体对于他本人以及他人而言依然是一个谜、一个秘密。

悲伤抑制仇恨

当新的分离、新的丧失体验重新唤起原初的拒绝（déni primaire），颠覆了以拒绝为代价而得以保存的全能，那么由此获得的象征建构、建立在此基础上的主体性可能就会轻易崩塌。原本作为表象的语言能指被不安的情绪带走，就像堤坝被海浪冲垮。情感是关于丧失的原初印记，它超越了拒绝而持续存在，将主体吞没。我的忧伤是沉默的

终极见证者,他见证我失去了全方位控制(emprise
omnipotente)的早期的物。这样的忧伤是侵凌性
(agressivité)的终极过滤器,是不被承认的仇恨的自
恋式克制,这并非出于简单的道德或超我层面的谨
慎,而是因为在忧伤之中,自我仍然与他者融为一
体,将他者背负在自己身上,他将自己的全能投射
内摄并享受其中。因此,悲伤或许是对全能的否
定,是最重要、最基本的迹象,说明他者从我身上逃
走,但自我并不接受自己被抛弃的事实。

这一情感和原发的符号学过程的涌现,与抑郁
者的语言甲胄(我们将它描述为外来或"次要"的)
以及象征建构(学习、意识形态、信仰)之间产生了
冲突。在此表现出的放缓或加速体现了被支配的
原发过程的节奏,或许还有生物生理节律。话语不
再具有打破或改变这种节奏的能力,相反,它被这
种情感节奏所改变,直至进入缄默状态(过度放缓
或加速使得行为选择失去可能)。当想象性创作
(艺术、文学)与抑郁在象征和生物的边界对峙,我
们会发现,叙事和说理都被原发过程所支配。节
奏、叠韵、凝缩塑造了消息以及信息的传递。那么,
诗歌,以及更广泛意义上带有隐含的诗歌特征的风
格是否意味着抑郁(暂时)被克服了?

由此,我们需要考虑至少三个参数来描述心理变化,尤其是抑郁的变化:象征过程(processus symbolique,话语的语法与逻辑)、符号学过程(processus sémiotique,移置、凝缩、叠韵、声音和动作节奏等)以及支撑它们兴奋传递的生物生理节律。无论是哪些内源性因素影响了生物生理节律,无论用以建立神经兴奋最佳传递的药理手段有多强大,兴奋的初级整合(intégration primaire)和次级整合(intégration secondaire)的问题依然存在。

而这正是精神分析介入的点。在其最细微的曲折处对快乐和不快进行命名——这正是移情情境的核心,移情情境重设了全能以及与客体模拟分离的原始条件——是我们唯一能够进入忧郁这一矛盾建构的方式。它的确是矛盾的,因为主体以否认为代价,为自己打开了象征的大门,从而使他能够在保留全能情感不可名状的原乐的同时,以拒绝的行为再将大门关上。那么,精神分析或许有机会改变这样的主体化,有机会赋予关于原发过程变动以及生物能量传输的话语某种改变的力量,并促使符号学情感更好地融入象征之中。

表达在西方的命运

指出原初客体的存在,甚至是物的存在,超越未完成的哀悼而将其表达出来,这难道不是忧郁理论家的幻想吗?

原初客体这个"本体"(en-soi)一直等待着被表述,它是可表达性的最终原因。原初客体只为已经建构的话语和主体而存在,且只经由它们而存在。正是因为被表达的对象已经存在,可表达的对象才能够以过量和难以估量的状态被想象、被提出。指出另一种语言的存在,甚至语言中他者或者语言之外的存在,并非一定是形而上学或者神学的工作。这个公设对应的是这样的心理要求:形而上学和西方理论或许有机会也有勇气来表征。这样的心理要求当然不是普适的:比如,中国文化并不是一种物本身可表达性的文化,而更多是一种重复和符号变化,即誊写(transcription)的文化。

对原初客体以及待表述客体的痴迷,意味着符号和与他者互动中所指对象的非语言经验(而非所指对象)可能是相吻合的。我可以称之为真的。使我无能为力的存在——包括情感的存在(être de l'affect)——可以找到适当或者比较适当的表达方式。关于可表达性的赌注同时也是把握原初客体的赌注,从这个意义而言,它也是通过一系列符号来对抗抑郁(抑郁源于入侵的前客体,我无法完成对他的哀悼)的一种尝试,这些符号正是用来接收欢乐、恐惧、痛苦的客体。形而上学对可表达性带有某种执着,它是一种关于痛苦的话语,痛苦被表达出来,并因此而得到缓解。人们可以忽视、拒绝原初之物,可以忽略痛苦,而选择誊写或欢快的符号的轻盈,这些符号没有内里、没有真相。以这种模式运作的文化的优势在于,它们能够体现出主体沉浸在宇宙之中,体现出主体与世界之间的神秘内在。但是,正如一位中国朋友跟我所说的,在痛苦入侵时,这样的文化是无法应对的。这种缺失是优势还是缺陷呢?

相反,西方人则认为自己能够将母亲表述出来——他的确是这么认为的,但是要将她表述出来也就意味着背叛她、改变她,让自己从中解放出来。这位忧郁者通过令人难以置信的努力掌握了符号,使得符号与自己最初的、无法名状的、创伤性的经历相吻合,从而战胜了与他所爱的客体分离带来的忧伤。

　　归根到底,对可表述性的信仰("母亲是可以命名的,上帝是可以命名的")带来了一种高度个性化的话语(避免了刻板印象和陈词滥调),以及丰富的个人风格。但是,由此,我们最终得到的是对唯一的物和他本身(神性)的卓越背叛:如果所有对其进行命名的方式都被允许,那么这个本身就是假设的物难道不会消融在这一千零一种命名方式之中吗?这种假设的可表达性导致了表述的丰富性。西方主体是潜在的忧郁者,他已经成为顽强的表达者,最终会成为自信的玩家或潜在的无神论者。最初对表达的信仰变成了对文体表现的信仰,在这样的信仰之中,文本本身(它的他者),即便是最初的文本,都没有文本的成功重要。

第三章　抑郁的女性形象

接下来的片段并非将我们引入临床上忧郁症的世界，而是让我们进入忧郁-抑郁组合的神经症领域。在这里，我们会看到抑郁和焦虑、抑郁和倒错行为、客体和言语意义的丧失以及对自身施虐受虐式的控制交替出现。进入女性话语并非仅仅是一种偶然，一种社会学层面发现的女性更容易陷入抑郁可以解释的偶然。这个事实或许反映了女性性欲的某种特征：她极度依赖于物-母亲，而不容易进入修复性倒错的状态。

吞噬一切的孤独

身体-坟墓抑或无所不能的吞噬

埃莱娜（Hélène）生来便有严重的运动障碍，她因此接受了好几次外科手术，三岁前一直躺在床上。然而，这位小女孩智力方面的出色发展使得她拥有了出色的职业生涯，此前的运动障碍以及造成运动障碍的家庭因素都已不复存在。

不复存在，除了频繁出现的严重抑郁。她的抑郁似乎并非由当前的生活现实所引发。埃莱娜的现实条件可以说是比较宽裕的。某些情境（与多人交谈、出现在公共场所、与持异见者辩论）会在这位患者身上引发木僵状态："我被钉在地上，像残疾了一样，我失去了言语，就好像我的嘴被打了石膏，大脑一片空白。"一种彻底的无力感将她侵袭,随之而来的迅速的崩塌感使她脱离了这个世界。她把自己关在房间里,独自流泪,接连几天不说话,不思考:"像死了一样,但是我甚至没有自杀的想法,就好像这是一个既定的事实。"

在这些情境中,"死了"对于埃莱娜而言是一种生理体验。起初,这种体验是难以描述的。后来,当她尝试着寻找一些词来对其进行描述,她提到了虚假的迟钝感、被扫荡的干燥、晕眩背景之中的空缺、被切割成黑色闪电的空洞……但是,这些词对于她来说太不精确,无法呈现她所体验的身心彻底瘫痪的感觉,那种自己与外界、与那个理应是"她"的内在之间无可挽回的分离感。没有了感觉,失去了疼痛和忧虑:一种彻底的,如同矿物、如同星体的麻木,这种麻木却伴随着感觉,而感觉跟"死了"一样,几乎是生理性的。无论它具有多强的生理和感觉的特征,这种麻木都是一团想法、一种不定型的想象、某种不可抗拒的无力感的混乱表现。死亡的存在(être de la mort)的现实与虚构。变成尸体,一种假象。彻底残废,暗地里却又无所不能。她维持着活着的假象,实则活在……"冥间"。这样的境况超越了阉割和分裂:她常常感觉像死了一样,常常装死。事后，当她能够就此进行谈论，她将其视为一种幸存的"诗学"、一种颠倒的生活，其中充满想象和真实的分裂，以至于她把死亡体验为真实。在这样的世界里，吞下一瓶安眠药并非一种选择，而是一种经由别处而强加给自己的姿态：一种不作为，更确切地说是一个完成的标志，是对她在"冥间"虚假的完整性所进行的一种调和，这种调和几乎是纯美学的。

一种汪洋般的、彻底的死亡吞没了世界，使得埃莱娜完全陷入难熬的、无头绪的、静止的被动状态之中。这片致命的汪洋可能持续几天，甚至几个星期，使得她对外在世界毫无兴趣。当某个客体形象或者某个人的脸庞出现，它们立刻被感知为仇恨的产物，被视为带有攻击性或敌对的、分裂的、令人焦虑的元素。她无力应对，只能将它们杀死。于是，将这些外来者处死代替了已死的存在，致命的汪洋变成了焦虑的波涛。然而，正是焦虑维持了埃莱娜的生命。焦虑是病态的麻木之后和之外的生命之舞。诚然，焦虑是痛苦的、难以忍受的，但它为埃莱娜提供了进入某种现实的可能。她想要杀死的面孔往往是一些孩子。这种无法承受的诱惑让她感到惊恐，使她觉得自己是个怪物，却给了她存在的感觉；走出虚无的感觉。

这个身带残疾的孩子其实就是过去的她，而现在她试图将这张面孔清除？我们曾经以为，只有当他者的世界（这个世界过去被致命的自我吸收进无所不能的无能之中）能够摆脱梦境般忧郁的禁闭时，才会触发杀人的欲望。抑郁者面对着他者，却无法对其客观看待，他继续把自己投射到他者身上："我不会杀死给我带来挫折的人或者对我残暴的人，我杀死的是被他们抛弃的孩子。"

就像一个漫游于痛苦之境的爱丽丝，抑郁者无法忍受镜子。她本人以及他人的形象在她受伤的自恋里引发了暴力和杀人的欲望。她穿过镜子的镀层，将自己安顿在另一个世界。在那里，通过业已凝固的悲伤的无限蔓延，她重新找到了幻觉中的圆满。正是通过这样的方式，她才得以防御杀人的欲望。在坟墓之外，普洛塞庇娜（Proserpine）活着，像一个盲目的影子。她的身体已经在别处，身体缺席了，这是一具活着的尸体。她经常不吃不喝，又或者，相反，她过度饮食，以图更好地摆脱身体。她眼神空洞，眼里充满泪水，她看不见你，也看不见自己，她品尝着被众多缺席者抛弃的痛苦。埃莱娜不断在生理和心理层面酝酿着一种生理和道德上的痛苦。但是，当她离开她的床，即她的坟墓，她可以游走于人群之中，像一个外星人，一个死亡的美丽国度里他人无法接近的公民，任何人都无法把死亡从她身上剥夺。

在分析刚开始时，埃莱娜与母亲正处于冲突之中：不近人情，矫揉造作，不断更换伴侣，没有任何情感。根据自述，她一心只想着钱，想着如何诱惑男人。埃莱娜常常想起她的母亲突然"闯入"她的房间，就像"擅自闯入别人的住宅，像一种侵犯"。她也常常想起母亲当着朋友的面对她说的过于亲密、过于露骨的话——"事实上，这些话在我看来有些淫秽"，让她因为羞耻，也因为快感而脸红。

然而，在爱欲侵凌性的面纱背后，我们发现了这个残疾的孩子与母亲之间的另一种关系。"我徒劳地尝试着想象她的脸，无论是现在还是小时候，我都看不见这张脸。我坐在某个人身上，她抱着我，我可能是坐在她膝盖上，但事实上这并非一个人。人应该有脸，有声音，有眼神，有头。但是，这些我都没有感觉到，我感觉到的只是一种支撑，仅此而已，别的什么都没有了。"我大胆提出这样一种阐释："或许您把这个他者融入了自己。您想要她的支持、她的腿，但是除此之外，她或许就是您。"——"我做了个梦，"埃莱娜继续说，"我正在上您这儿的楼梯，楼梯上铺满了身体，这些人看起来像我父母结婚照上的人。我自己也被邀请来参加这场婚礼，这是一场人肉宴，我必须吃这些身体、这些身体的碎片、头，包括我妈妈的头。太恐怖了。"

将母亲吞食，母亲结婚了，她拥有一个男人，她在逃跑。拥有她，把她保留在自己身体里，从而使她与自己永不分离。埃莱娜的全能在侵凌性的面具背后显露出来，这也解释了他者在她的幻想中不存在的现象，同时也解释了为何她在现实生活中无法面对与她不同、与她分离的人。

埃莱娜需要接受一个小外科手术，她因此而焦虑，焦虑到宁愿冒病情加重的风险也不愿意接受麻醉。"这样的沉睡太可悲了，我无法忍受。当然，医生会给我动手术，但我害怕的并不是这个。奇怪，我感觉自己会重新回到孤独的状态。但这种想法太荒唐了，因为事实上，从来没有人会这样照料我。"或许她感觉到手术"干预"（我联想到，我的阐释也是一种"干预"）会把某个关系很近的人带走，某个不可或缺的人？在想象中她把这个人关在自己身体里，认为她会永远陪伴着自己。"我不知道这会是谁。我跟您说过，我没有想到任何人，对于我而言没有他者。在我的记忆中，我身边什么人也没有……我忘了跟您说，我跟人做爱，感到恶心。我吐了，在半睡半醒间，我看到有个东西掉到盆里，好像是一个孩子的头。这时有个声音从远处叫我，但他搞错了，叫的是我妈妈的名字。"由此，埃莱娜确认了我的解释：她把某种幻想，即关于母亲的表征封闭在自己身体里。她跟跟踉跄跄地从中走出来，因为要放弃（哪怕只是言语上的放弃）客体而感到焦虑不安。这个客体被她囚禁在自己体内，如果失去客体，她就会陷入无止境的悲伤之中。埃莱娜很守时，而且总是定期来做个人分析。这是她第一次忘记下次分析的时间。再下一次做分析的时候，她承认自己完全想不起上一次分析的内容：一切都是空白，她感觉被掏空，无比难过，任何东西都没有意义，她又一次进入痛苦的木僵状态……她是否尝试着把我封锁在她身上，来取代被我们驱逐的母亲？把我囚禁在她的身体里，我和她由此成为一体，我们无法再见面，因为她把我吞并、咽食、埋葬在她想象的身体抑或坟墓之中，正如她对母亲所做的那样。

倒错和冷漠

埃莱娜经常抱怨，她希望用她的言语来"感动"我，但事实上她的言语空洞而干涩，"距离真实的感情很远"："你什么都可以说，这或许是一个信息，但它没有意义，至少对我来说是这样。"这一关于她话语的描述使她想起她所谓的"酒神节"。从青春期到她来做个人分析的前期，她一直在沮丧状态和"爱欲盛宴"之间摇摆："我什么都做，我是男人、女人、野兽，对方想要我做什么都行。这让人很震惊，而我却乐在其中，我觉得。但这不是真正的我。这让我感觉很舒适，但那是另外一个人。"

全能和对丧失的拒绝使得埃莱娜狂热地追求满足：她什么都能做。那个无所不能的人，是她。自恋和菲勒斯的胜利，这种躁狂的态度最终让人疲惫不堪，因为它使得所有的负面情感都失去了象征的可能：恐惧、悲伤、痛苦……

然而，当关于全能的精神分析使这些情感能够进入话语，埃莱娜经历了一个冷漠的阶段。母亲这个客体一定是具有爱欲意味的，她首先被获取并被消灭在埃莱娜内部。在分析过程中，她一旦被重新寻回并命名，便可能在一段时间里满足这位病人。"她在我身上，"这位冷漠的病人似乎在说，"她没有离开我，但是任何其他人都无法取代她的位置，别人无法进入我的身体，我的阴道死了。"她的冷漠主要是阴道层面的，阴蒂可以在一定程度上对其进行补偿。这种冷漠是由于她通过想象将母亲的形象抓取，母亲形象以肛欲的形式被囚禁并转移至阴道，即污秽之处。许多女性都知道，在她们的梦中，母亲代表情人或丈夫，反之亦然。通过这些形象，她们不停地尝试解决肛欲占有的问题，却始终得不到满足。这样一位想象出来的母亲是不可或缺的，她满足了需求，却又带有侵略性，也正因此她是致命的：她使得女儿失去活力，堵住她所有的出路。更重要的是，在想象中，她独占了女儿赋予她的原乐，却没有回馈以任何东西（没有为她生下孩子）。由此，母亲将这位冷漠的女人幽禁于想象的孤独之中，这种孤独既是情感上的也是感官上的。而伴侣则必须被想象成"不仅仅是母亲"（plus-que-mère），从而同时扮演"物"和"客体"的角色，才能超越自恋要求，使主体从中走出来，并引导她将自体性欲转为（分离的、象征的、菲勒斯的）他者的原乐。

　　对于女性而言有两种可能的原乐。一种是菲

勒斯原乐（jouissance phallique），与伴侣的象征权力形成竞争或对其认同。这种原乐可以调动起阴蒂的作用。另一种原乐是幻想出来的，它本质上指向心理空间和身体空间。这种原乐要求彻底去除阻塞身体和心灵内部的忧郁客体。谁可以完成这个任务？一个想象的伴侣，他必须能够消融囚禁在我身上的母亲，同时要能够给予我母亲给了我以及没能给我的东西。他还必须让自己维持在一个与母亲不同的位置之上，这个位置使我能够得到母亲从未给我的——一种新生活。这个伴侣的角色并非一位以理想化的方式满足女儿的父亲，也不是在男性竞争中力争实现的象征标准的角色。这样，女性的内部（在心理空间、身体经历和阴道-肛门组合层面）将不再是一个安放死者、对冷漠进行调节的地下室。伴侣将我身上致命的母亲处死，这一行为使得他具有了生命赋予者的魅力，更确切地说是一个"不仅仅是母亲"的个体所具有的魅力。他不是菲勒斯母亲，而是通过菲勒斯暴力对母亲所进行的修复，这种暴力将恶摧毁，同时给予和满足。随之而来的所谓阴道原乐，正如我们所见，在象征层面依赖于与他者之间的关系。他者并非在菲勒斯强化之中被想象，而是作为自恋客体的重构者被想象，他能够保证自恋客体移向外部——通过生孩子,通过将自己变成母子关系与菲勒斯权力之间的关联,或者通过促进他所爱女人的象征生活的发展。

对于女性的心理满足而言,第二种原乐并非绝对必要。来自菲勒斯、职业层面或母亲的补偿,以及阴蒂快感往往是对冷漠的一种掩盖,这种掩盖或多或少是可靠的。然而,如果说无论男人还是女人都赋予不同的原乐几乎神圣的意义,那或许是因为它是暂时战胜了抑郁的女性身体的语言。这是对死亡的胜利,这里所谓的死亡并非作为个体最终命运的死亡,而是想象的死亡。如果早熟的个体被母亲抛弃、忽视,不被母亲理解,那么他便是想象的死亡永恒的关键之所在。在女性的幻想中,这种原乐预设了对致命的母亲的胜利,从而使得内部成为满足的源头,同时也是生命、分娩和生育的源头。

杀人还是自杀:行动的过失

行为应受谴责

女性抑郁有时候会隐藏在狂热的行为背后,从而赋予她务实、自在、自我牺牲的表象。许多女性都暗暗地戴着这样的面具,或许她本人并不自知。玛丽-安琪在这样的面具之上又增加了一种冷酷的报复心理、一种真正致命的阴谋。自己竟然是这种阴谋的策划者和武器,这让她大为吃惊,她因此而痛苦不已,因为她视之为严重的过错。在发现丈夫欺骗她之后,玛丽-安琪设法找到了情敌,并投身于一系列或多或少带点孩子气或者十分狠毒的阴谋之中,试图将对方除去,而这位第三者恰好是她的朋友和同事。她慷慨地给这位朋友赠送了许多咖啡、茶和其他饮品，并在饮品里添加安眠药和一些对身体有害的东西。她甚至刺破了对方的汽车轮胎、锯掉了对方的刹车等。

在进行这些报复行为的时候，她进入了某种沉醉状态。她忘记了嫉妒，忘记了伤害，尽管她也为自己的行为而羞愧，但她从中得到了满足。犯错让她饱受折磨，因为这种状态使她得到快感，反之亦然。伤害对手，让她感到眩晕，甚至将她杀死，难道不是一种介入她的生活、给她快感甚至让她死亡的方式吗？这种暴力给了玛丽-安琪一种对她承受的耻辱进行补偿的菲勒斯力量，使她感觉到自己比丈夫更强大；或许可以说是让她感到，相比丈夫，她对他情人的身体拥有更多的决定权。对丈夫通奸的责难不过是个无意义的外表。尽管被丈夫的"过错"所伤害，真正在玛丽-安琪身上引发痛苦和报复的，并非道德谴责，或者对她丈夫的过错给她带来自恋创伤的抱怨。

更重要的是，所有行动的可能对于她而言本质上都是一种违抗、一种过错。行动意味着让自己受牵连，而当隐藏于抑制背后的抑郁性迟缓阻碍了任何实现目标的可能，那么，对于这个女人而言，唯一可能的行动就是某种重大过错：杀人或者自杀。我们想象存在一种针对父母"原初行为"（acte origi-naire）的俄狄浦斯式的强烈嫉妒，这一行为被感知和理解成应受谴责的行为。超我过早地显示出它的严厉，早期的同性恋欲望对客体-物（Objet-Chose）的无情控制……"我不采取行动，假如我采取行动，那是极其可恶的，一定要被谴责。"

而在躁狂层面，行为上的停滞呈现为一些微不足道的、可能的行为（也因此而显得相对没那么罪过），又或者这种停滞倾向于某种重大的过错行为。

无症状倒错

爱欲客体的丧失（情人或丈夫的不忠、抛弃及离婚等）被女性感知为对她生殖力的攻击，从这个角度而言，这相当于阉割。这样的阉割立即与对她的身体、形象以及整个心理机制的完整性进行破坏的威胁产生共鸣。因此，女性的阉割没有被去情欲化，而是重新被自恋焦虑覆盖，自恋焦虑将爱欲作为可耻的秘密控制并庇护起来。女性没有可失去的阴茎，在阉割的威胁之下，她感觉失去的是整体——身体，特别是灵魂，仿佛菲勒斯就是她的心灵。爱欲客体的丧失将她的内心生活切割，并可能将它整个清空。外部的丧失立即被以抑郁的方式感知为内部的空洞。

痛苦是心理空洞（vide psychique）[①]很小却很强烈的表现形式。心理空洞和痛苦的感觉取代了无法言明的丧失的位置。抑郁行为由空洞而起，同时也处于空洞之中。空白的行为（activité blanche）本身没有意思，它可能是致命的行为（杀死夺走伴侣的对手），也可能是微不足道的行为（因为家务或者让孩子复习功课而把自己搞得筋疲力尽）。它总是被疼痛、麻痹的心理表象所抑制，如同"死去"一般。

对抑郁者的分析要从接纳和尊重他们活死人般的空洞开始。只有在建立起一种摆脱了超我束缚的默契关系的基础上，精神分析才使耻辱得以表述，使得死亡重新找回求死欲望的动力。那么，玛丽-安琪杀死别人从而让自己不至于装死的欲望可以被讲述为一种享有对手或者让对手享受的性欲望。由此，抑郁作为一种无症状倒错（perversion

---

[①] "心理空洞"这个概念由安德烈·格林（A. Green）提出。参见 « L'analyse, la symbolisation et l'absence dans la cure analytique », rapport du XXIXe Congrès international de psychanalyse, Londres, 1975; *Narcissisme de vie, Narcissisme de mort*, Éd. de Minuit, 1983。

blanche)的掩饰而出现：这种倒错被梦想、被期待、被思考，但它是不可告人的，永远无法实现。抑郁避免了向倒错行为的过渡：它勾画了痛苦的心理并屏蔽了被体验为耻辱的性。忧郁在行为中的过度表现带有点催眠的味道，它秘密地在法律最不可抗拒的部分注入了倒错的色彩：在约束、责任、命运，甚至在死亡的致命性之中。

精神分析揭开了抑郁行为背后与性（同性恋）相关的秘密，这个秘密使忧郁者能够和死亡并存。分析为欲望重新赋予其在病人心理空间里的位置（死本能并非求死的欲望）。由此，它划定了心理空间，而心理空间能够以客体的名义整合丧失，这个客体可以符号化，同时也可以爱欲化。从此，分离不再是一种崩解的威胁，而是通向某个他者的中转站——它带着冲突，是生本能和死本能的承载者，它可能有意义，也可能无意义。

唐·璜的女人：沉浸于悲伤之中
抑或制造恐怖行为

玛丽-安琪有一个姐姐和好几个弟弟。对于父亲最爱的姐姐，她一直感到嫉妒。回忆起童年经历，她确信自己被接连怀孕的母亲所抛弃。过去，她从未表现出对姐姐和母亲的仇恨，现在依然如此。相反，她表现得像个乖孩子，很忧伤，总是处于退缩状态。她害怕出门，母亲出去购物时，她总是在窗边焦急地等待。"我在家里，就好像自己取代了她的位置，我保留着她的味道，想象她就在家里，我把她留在自己身边。"母亲觉得这样的忧愁不太正常。"这张修女一般的脸是一种假象，她隐藏了什么。"她这样指责女儿，而她的话使玛丽-安琪更加沮丧，越发退缩到自己内心的秘密之中。

在开始个人分析之后，玛丽-安琪过了很久才跟我谈论她目前的抑郁状态。表面上看起来，她是守时、忙碌、完美的小学老师，但她有时会请很长的病假，因为她不想、不能离开家：这是为了囚禁何种难以捉摸的存在吗？

但是，通过认同母亲角色，她成功克服了被遗弃的感觉和完全瘫痪的状态：她要么认同超级家庭主妇的形象，要么认同——正是这样她才成功地施行了针对情敌的行为——她所需要的菲勒斯母亲，她想成为菲勒斯母亲被动的同性伴侣，或者相反，她希望亲自点燃菲勒斯母亲的身体，将她处死。玛丽-安琪跟我讲述了一个梦,这个梦使她模模糊糊地看到引发她对对手仇恨的是怎样的激情。她成功地打开了丈夫情人的车子,在车里藏了一颗炸弹。但事实上,这不是一辆车,而是她母亲的床,玛丽-安琪蜷缩着,突然发现这位母亲,这位慷慨地给弟弟们喂奶的母亲拥有一条阴茎。

对于女人而言,如果两性关系让她满意的话,她的异性伴侣往往具备她母亲的优点。抑郁者不过是间接地违背这条规律。她最爱的伴侣或者她的丈夫是一位让她满意的母亲,但他是不忠的。于是,绝望的她戏剧性地、万分痛苦地依恋她的唐·璜,因为他为她带来了享受不忠的母亲的可能,唐·璜同时也满足了她对其他女人的贪婪欲望。唐·璜的情人同时也是她的情人。他的行为满足了她的钟情妄想,并为她带来了抗抑郁剂,一种超越了痛苦的狂热兴奋。如果这种激情蕴含的性欲被压抑,那么谋杀就可能取代拥抱,抑郁者可能会变成恐怖行为的制作者。

驯服悲伤,不立即逃避忧愁,而是给予它一点时间,让它慢慢沉淀,甚至绽放,并由此将其消除:这可以是精神分析的一个阶段,这个阶段虽然短暂,却是不可或缺的。我的忧愁或许是一种自我保

护的方式,以免我走向死亡——我所欲望却又抛弃
的他者的死亡? 我自己的死亡?

母亲的抛弃(真实的或想象的)将玛丽-安琪置
于悲痛和无价值感之中,她将这样的悲痛和无价值
感抑制于自己身上。她一直被自己很丑、无用、微
不足道的想法困扰,但这更多是一种氛围而不是一
种想法,它并不清晰,仅仅是灰暗的天空下阴郁的
颜色。相应地,求死的欲望(因为无法对母亲复仇)
渗透进她的恐惧症之中:她担心自己会从窗户、电
梯、山上的岩石或陡坡上摔下来。她害怕自己处于
空虚之中,害怕自己会死于空虚。持续的眩晕。玛
丽-安琪通过将眩晕感转嫁给她的对手来实现暂时
的自我保护,她认为,对手应该中毒晕倒或者在飞
驰的汽车上消失。她以牺牲他人为代价来维持自
己的安然无恙。

这种抑郁型癔症的恐怖行为往往表现为对嘴
的攻击。许多关于后宫和争风吃醋的女人的故事
都把下毒女人的形象作为女性邪恶形象的首选。
然而,往饮品或者食物里下毒除了暴露出狂怒的巫
婆形象之外,还显露出被剥夺了乳房的小女孩的形
象。诚然,男性也是如此,但我们都知道,男人在两
性关系之中重新寻回失去的天堂,同时也在各种能

够给他带来口欲满足的迂回方式中将其寻回。

在女性身上，向行为的过渡受到更多的抑制，较难实现。因此，当这样的过渡发生时，它往往表现得更为激烈。因为客体的丧失对于女性而言是无法挽回的，哀悼对于她而言更加困难，或者说是无法完成。于是，替代性的客体、可以将其导向父亲的倒错客体对于她而言不值一提。她通常以压抑早期的快感，甚至快感自身的方式来获取异性恋的欲望：她在性冷淡中屈服于异性恋。玛丽-安琪希望她的丈夫只属于她一人，其目的却不是要享有他。原乐只有通过男性的倒错客体才能实现：玛丽-安琪通过丈夫的情人来获得原乐，当他没有情人时，便无法再引起她的兴趣。抑郁者的倒错是隐蔽的，她需要男性的女性客体作为屏障和中介来寻找异性。但是，一旦走上这条道路，忧郁者疲惫的欲望便无法停止：它什么都想要，直到最后，直到死亡。

与分析师分享这一致命的秘密并非仅仅是在考验分析师是否可靠，或者考察她的话语与法律、宣判和压制的世界之间存在何等的差异。这种信赖（"我让你跟我一起分担我的罪行"）是在尝试让分析师进入一种共同的原乐：母亲所拒绝的、情人所偷走的原乐。这种信赖是将分析师视为爱欲对象，并尝试对其施加影响，通过分析指出这一点可以将病人维持在她的欲望和尝试操控的真相之中。但是，分析师遵循一种不同于惩罚性法律的职业原则，承认抑郁的现实，在肯定病人痛苦的象征合理性的同时，允许病人寻找其他象征或想象的方法来阐述自己的痛苦。

处女母亲

"黑洞"

冲突和抛弃、与情人的分离似乎都影响不到她,面对这些情境她感觉不到任何痛苦。没有比失去母亲更痛苦之事⋯⋯这并非一种以掌握自己、掌握情境为前提,或者(这是最常见的)以痛苦和欲望的癔症式压抑为前提的冷漠。在分析中,伊莎贝尔(Isabelle)尝试着重构这些状态,她谈论"被麻醉的创伤""麻木的悲伤"和"包含一切的遗忘"。我感觉她在自己的心理空间布置了一个玛丽亚·托罗克和尼古拉·亚伯拉罕所谓的"地下室"。这个地下室里空无一物,但是抑郁身份的一切都围绕着这样的空无而展开。这种空是绝对的。痛苦,由于是一个秘密，由于无法命名、难以描述而变得让人感到耻辱。它转变成心理的沉默，这种沉默并不会压抑创伤，而是将它取代、压缩，为它赋予一种过高的强度、一种无法为感觉和表征所察觉的强度。

于她而言，忧郁情绪不过是一种缺席、一种回避、一些令人惶恐不安的沉思，这些沉思就像是幻觉，它们本可以成为痛苦，但她的超我尊严使其过度发展，无法接近。这种空既不是压抑，也不是简单的情感痕迹，它将抛弃和失望带来的性、感觉和幻想的不适凝缩成一个黑洞，就像无形且不可抵抗的宇宙反物质。阉割和自恋创伤、性不满和幻想的绝境在此互相渗透，变成一种让人筋疲力尽而又无法补救的重担，这重担构成了她的主体性：在内部，她伤痕累累、无法动弹；在外部，她只能付诸行动，或者维持虚假的积极。

伊莎贝尔需要这个忧郁的"黑洞"，以便在外部建立母亲身份、确立她的行动。而这样的任务别人可能是借助于压抑或分裂来实现的。这是她的物、她的住所、她的自恋的所在，她沉沦于其中，同时也在此恢复活力。

在某次抑郁发作最严重的时候，伊莎贝尔决定要个孩子。她对丈夫感到失望，对情人"幼稚的不一致行为"感到怀疑，她想要"为她自己"生个孩子。对于她而言，孩子是谁的并不重要。"我想要孩子，不想要他的父亲"，这位"处女母亲"这样想。她需要一个"可靠的伴侣"："一个需要我的人，我和他之间有着默契，我们永远不会分离，或者说几乎不会分离……"

这个用来抵抗抑郁的孩子注定要背负沉重的负担。孕期的伊莎贝尔处女般的平静——她的人生从未像怀孕时期这般惬意——背后隐藏着身体上的紧张。任何仔细观察的人都能察觉出这种紧张。在躺椅上，她无法放松，她伸长脖子，双脚放在地上（她说是"为了不弄坏您的东西"）。她似乎在窥伺某种威胁，随时准备跳起来。是害怕因为怀上咨询师的孩子吗？某些婴儿身上的多动症状体现的可能是母亲身上说不清的、无意识的生理和心理上极度紧张的状态。

为了死去而活着

孕期女性常常会担心胎儿畸形，这种焦虑在伊莎贝尔身上变成了一种与自杀相关的极端想象。

她想象孩子在生产过程中死亡，或者生来便带有严重的缺陷。她把孩子杀了，然后自杀。在死亡之中，孩子和母亲重聚，如同在孕期，永不分离。原本渴望的出生变成了葬礼，而葬礼却让她兴奋不已，就好像她想要这个孩子仅仅是为了让他死去。她分娩是为了死去。她准备生下的孩子生命的突然结束，以及她自己生命的突然结束可以免除她的忧虑，减轻生存的烦恼。孩子的出生破坏了未来和计划。

对孩子的渴望原来是一种致命融合的自恋欲望：这是欲望的死亡。因为有了孩子，伊莎贝尔可以逃避变幻莫测的爱欲考验，逃避快感的奇袭、他人话语的不确定性。一旦成为母亲，她就可以维持处女的状态。她抛弃了孩子的父亲，独自生活，与幻想相伴，不需要任何人，也不受任何人威胁（又或者，她在想象中与分析师生活在一起？）。她进入母亲的角色就像修女进入修道院。伊莎贝尔已做好准备，她要在这个生命（她的孩子）身上得意地自我欣赏，而这个孩子已经被允诺给了死亡。孩子就像她痛苦的影子，她可以照料他、埋葬他，而这件事没有任何人能代她完成。抑郁母亲的无私奉献多少带有类妄想的扬扬得意的味道。

小爱丽丝（Alice）出生时，伊莎贝尔感觉自己遭到了现实的轰炸。新生儿的黄疸和婴儿罕见的严重病症差点把关于死亡的幻想变成无法承受的现实。或许是因为有精神分析的帮助，伊莎贝尔没有陷入产后抑郁。她的抑郁情绪转变成了为守护女儿的生命而进行的不懈抗争。从此，她全心全意地陪伴女儿成长，对她关怀备至。

胜利者的无私奉献

伊莎贝尔身上的忧郁被"爱丽丝的问题"吞噬了。但是，它并没有消失，而是找到了另一副面孔，它转变成了对小婴儿身体完全的、口欲和肛欲的控制，从而推迟了孩子身体的发育。喂养爱丽丝，控制她的饮食，反复称她的体重，不断翻阅书籍来补充医生开出的食谱……检查爱丽丝的排便情况，直到她上学，甚至更迟，检查便秘、腹泻的情况，给她灌肠……监测她的睡眠：两岁孩子的正常睡眠时长是多少？三岁呢？四岁呢？这种喋喋不休的声音难道不是一种反常的叫喊声吗？"经典"的焦虑型母亲强迫式的担忧在伊莎贝尔身上更为凸显。女儿-母亲，难道她不该对一切负责吗？难道她不是这个"可怜的爱丽丝"在这个世界上所拥有的一切吗？她的母亲、父亲、阿姨、爷爷、奶奶呢？爷爷奶奶认为这个孩子的出生不合传统，对这位"处女-母亲"保持着距离。他们在不知不觉中又为伊莎贝尔的全能需求提供了机会。

　　这位抑郁者身上的骄傲是难以估量的，这一点不容忽视。她随时准备承担所有的工作、义务，面对一切忧虑、烦恼甚至缺点（如果有人想要在她身上寻找缺点的话），而不是倾诉自己的痛苦。在母亲原本就沉默的世界里，爱丽丝成了一个新的打断她话语的人。为了孩子的幸福，母亲必须"撑住"：去面对，不能表现出无能和失败。

　　这种独自一人的忧伤、"不是"（ne pas être）的悲愁，这种美妙而辉煌的监禁能够持续多久呢？在一些女人身上，这种状态会持续到孩子不再需要她，直到孩子长大、离开她。于是，她们又一次感觉到被抛弃，感觉到沮丧。但这一次，她们不可能再求助于分娩。怀孕和生育将会成为抑郁的一段插曲，成为对不可能的丧失的又一次否认。

　　伊莎贝尔并没有等到这个阶段。她在移情中求助于言语和爱欲：她在分析师面前哭泣、崩溃，尝试着通过（而不是超越）对分析师的哀悼来获得重生，而分析师已准备好要倾听受伤者的话语。如果词语能够渗透进眼泪之中，那么讲述孤独会让我们感觉不那么寂寞，前提是能够为隐藏在言语里的过度悲伤找到接收者。

兴奋的父亲与理想的父亲

从伊莎贝尔的梦境和幻想中可以看出，她早年曾经受过父亲或者她认识的某个成人的诱惑。她的陈述里没有任何确切的细节能够确认或否认这一假设。但她梦境里反复出现的场景向我们暗示了这种可能。梦里，她独自和一个上了年纪的男人在一个封闭的房间里，男人无理地把她逼到墙边；或者，她独自和父亲在办公室里，她颤抖着，因为情绪激动，而不是因为害怕，满脸通红、浑身冒汗。这种无法理解的状态让她感到羞愧。这是真实的诱惑还是想要被诱惑的欲望？伊莎贝尔的父亲似乎是一个非同寻常的人物。他从一个贫穷的农民变成企业主，受到了员工、朋友、孩子们，尤其是伊莎贝尔的崇拜。但是，他情绪极不稳定，尤其是喝了酒之后。随着年龄的增长，他越来越依赖酒精。母亲则隐藏了她丈夫情绪上的不稳定，尝试平衡他的情绪，但同时又鄙视他。对于小伊莎贝尔而言，这样的鄙视意味着母亲对父亲性行为的指责，他过度兴奋，缺乏风度。总而言之，这是一位既被渴望又被谴责的父亲。他在一定程度上可以成为女儿认同的对象，当她处于竞争状态，或者对总是忙于照料其他孩子的母亲感到失望时，父亲成为一种支持。但是，除去智力和社会层面的吸引力，这位父亲是个让人失望的人物："我很快就认清了关于他的真相。过去，我无法像其他人一样，认为他是我母亲创造出来的，是她最大的宝贝……"

父亲的象征性存在很可能帮助伊莎贝尔建构了职业面具，但这个充满爱欲的男人，这位想象的父亲，这一深情、奉献、令人得到满足的父亲形象已经变得不可靠。他从危机的角度，也从迷人却危险、破坏性十足的愤怒的角度呈现情绪、激情和快感。想象的父亲保证了快感和象征性尊严之间的关联，将孩子从初级认同（identification primaire）引向次级认同。对于伊莎贝尔而言，这样的关联被摧毁了。

她有两种选择：过度的性生活或者"贞操"，也就是倒错或者自我牺牲。在青春期和年轻的时候，她选择了前者。这种她所谓的"放纵"十分粗暴，让人疲惫不堪，而它正是抑郁发作结束的标志。"我像喝醉了一样，然后我感到空虚。或许我就像我的父亲。但是我不想要他那种永远在高位和低位之间摇摆的状态。我更喜欢宁静、稳定、牺牲，如果可以的话。但是，为我女儿所做的牺牲真的是一种牺牲吗？这是一种适度的快乐、一种永恒的快乐……或者说是一种调性良好的快感，就像羽管键琴。"

伊莎贝尔为她的理想父亲生了孩子：不是为那个烂醉如泥的父亲，而是为那个身体缺席的体面的父亲、为主人、为领导生下孩子。男性身体、兴奋和醉酒的身体，这是母亲的客体：伊莎贝尔将这样的身体留给了这位害怕被遗弃的对手，因为在与母亲所谓倒错的竞争中，女儿自认为是弱小者、失败者。她选择了这个光荣的称谓，而正是作为女儿-单亲妈妈的角色，通过将它与"过度"兴奋的、被另一个女性掌控的男性身体分离，她才得以保持它触不可及的完美。

如果说，这个父亲身份将伊莎贝尔驱逐，使其走向母亲（她无法在不冒风险的情况下摆脱自己的母亲，这些风险包括兴奋、失去平衡等），从而在很大程度上为伊莎贝尔的抑郁提供了条件,那么,通过他身上理想的部分,通过象征性的成功,这样的父亲也为女儿提供了某些武器(当然是模棱两可的),使她能够从中走出来。在成为母亲和父亲的同时,伊莎贝尔最终实现了一种绝对。但是,在她作为女儿-单亲妈妈的无私奉献之外,理想的父亲是否还存在于别处?

然而,归根结底,由于伊莎贝尔只有一个孩子,所以她做得比母亲好:因为,如果她没有再生孩子,那么她就可以把所有都奉献给这仅有的孩子,事实难道不是这样吗? 不过,对母亲的这种想象性的超越只是暂时应对抑郁的办法。在受虐狂式胜利的表象之下,哀悼依然无法完成。真正需要完成的工作,是通过与孩子的分离,以及最终与分析师的分离,她尝试着面对空虚,这种空虚在与所有关系和所有客体的互动之中形成,也在其中消解……

第四章　美：抑郁者的另一个世界

在人世间实现的彼世

为痛苦命名，颂扬痛苦，对其进行细致的剖析，这或许是化解哀伤的一种方法。有时沉溺于其中，超越哀伤，走向一种不那么炽热的哀伤，越来越冷淡……然而，艺术似乎指明了一些方法来避免讨好，使艺术家和鉴赏家能够对丧失的物以升华的方式进行支配，而无须将哀伤转变成躁狂。首先，是通过韵律这一语言之外的语言，它在符号之中穿插了符号学的节律和叠韵。还可以通过符号和象征的多重功能，使命名变得不稳定，使符号获得丰富的内涵，从而为主体提供想象物的无意义或其真正意义的机会。最后，还可以通过宽恕（pardon）的心理机制：说话者对某个殷勤而仁慈的典范的认同，能够消除复仇带来的罪咎感或自恋创伤带来的耻辱感，这种罪咎感和耻辱感可能诱发抑郁者身上绝望的情绪。

美好的事物会是悲伤的吗？美是否与短暂的事物相关，也因此与哀悼相关？又或者，美的事物是否会在毁灭和战争之后不断重返，从而证明在死亡之中继续存在是可能的，永生是可能的？

弗洛伊德曾在一篇题为《转瞬即逝的命运》（"Éphémère destinée"，1915—1916）[①]的短文中提及这些问题。文章的灵感来自他与两位患忧郁症的朋友散步时发生的争论，其中一位是诗人。有一位很悲观，他贬低美好事物的价值，认为它转瞬即逝。对此，弗洛伊德回应道："相反，这正好凸显了它的价值！"然而，昙花一现在我们身上引发的忧伤在他看来是难以理解的。他声称："……对于心理学家而言，哀悼是一个巨大的谜……但是，为什么力比多从这些对象身上撤走会是一个痛苦的过程，我们不明白，目前也无法根据任何假设对其进行推断。"

不久之后，他在《哀悼与忧郁》（"Deuil et mélancolie"，1917）一文中提出了关于忧郁的解释。根据哀悼的模式，忧郁来自对丧失客体的内摄，这

---

① *Résultats, Idées, Problèmes*，t. I，P. U. F.，Paris，1984，pp. 233 - 236；*S. E.*，t. XIV，pp. 305 - 307；*G. W.*，t. X，pp. 358 - 361.

个客体对于主体而言是一个爱恨交加的对象。我们在上文谈论过这一解释①。但是，在《转瞬即逝的命运》中，弗洛伊德把哀悼、转瞬即逝和美好事物等主题联系起来，认为升华是丧失的平衡力量，力比多令人迷惑地固着于丧失之上。哀悼之谜？美好事物之谜？两者之间有着怎样的相似性？

诚然，在爱欲客体的哀悼完成之前，美是不可见的。但是它依然存在，而且将我们征服："我们对文化财富的高度推崇……不会因为它们的脆弱而受影响。"有些东西是死亡的普遍性无法触及的：美？

美好的事物是永远不会让力比多失望的理想客体？又或者美的客体是害怕被遗弃的客体绝对而不可破坏的修复者，它处于与这一力比多之场完全不同的层面之上，"好""坏"客体模糊地展现在这片谜一般、吸引人却又让人失望的力比多场域之中。为了替代死亡，为了不因他者的死亡而死亡，我创造了——至少我这么认为——一个假象、一种理想、一个"彼世"。我的心理制造了它们，从而使自己超脱出来：在自己之外（ex-tasis）。能够替代所有易逝的心理价值，是件美好的事情。

———————

① 参见本书第一章第 14 页及随后的数页。

于是，这位精神分析师又在思考另外一个问题：美通过何种心理过程、怎样的符号和物质变更，才得以穿越丧失和控制之间上演的关于丧失、贬值以及自杀的戏剧？

升华通过调动原发过程和理想化，在抑郁的空洞周围编织了一种超级符号（hyper-signe）。它不再是更高意义，对于我而言却具备更高意义的事物的华丽寓言，因为我能够更好地重塑虚无，在经久不变的和谐之中，此时此地，使之永恒，为了某个第三方。崇高的意义代替了隐藏的非存在（non-être），假象代替了短暂的存在。美与之同质。就像女性的装扮掩饰了顽固的抑郁，美是丧失的令人赞叹的面孔，它使之蜕变，使之存活。

美有可能是对丧失的拒绝：这样的美注定要消亡，并隐匿在死亡之中，它无法阻止艺术家自杀，它也可能在显露的瞬间便从记忆中消除。但不仅如此。

当我们能够穿越忧郁，对符号生命产生兴趣，那么美也可能将我们控制，从而证明有人能找到超越分离痛苦的康庄大道：为痛苦赋予言语的道路，甚至也包括呼喊、音乐、沉默和大笑。美好甚至可以是无法实现的梦，抑郁者在人世间实现的彼世。在抑郁空间之外，美好是否区别于游戏？

只有升华能够抵御死亡。相比任何伤害或悲伤之爱或恨的理由，能够让我们陶醉其中的美的客体似乎更值得依恋。抑郁辨认出美的客体，允许自己在它身上存活、为它而存活，但是这种对崇高的依恋不是力比多式的。它是冷淡、分离的，它已经在自身融入了死亡的痕迹，而死亡意味着轻快、无忧无虑、漫不经心。美是假象，是想象的产物。

想象是寓言吗？

想象话语具有某种特殊的结构，它在西方传统（古希腊和古罗马、犹太教和基督教的继承者）中诞生，它与抑郁的构成密切相关，同时也与抑郁向意义的转向同步。作为物与意义、符号的不可命名与其扩散、无声的情感与指定并超越它的理想性之间的连接，想象既不是在科学中达到顶峰的客观描述，也不是满足于实现彼世象征独特性的神学唯心主义。可命名忧郁（mélancolie nommable）的经验打开了一个主体性的空间，这个主体性必定是异质的，在理想和难以理解这同样必要、同时存在的两极之间撕扯。物的难以理解，正如被剥夺了意义的身体（准备自杀的沮丧身体）的不可理解，表现在作品的意义之中，作品的意义既是绝对的又是变质的，它难以捉摸，具有不可能性，需要重新建构。于是就需要对符号进行精雕细琢：能指的音乐化，词素的复调，词汇、句法、叙事单位的拆分……这种精雕细琢立即被经历为言说的存在在无意义与意义、撒旦与上帝、堕落与重生两极之间的心理转变。

尽管如此，这两个极限主题在想象结构中实现了惊人的配合。尽管这两个主题对于它而言是必要的，但在价值危机产生的时刻，它们还是会消失。这些时刻触及了文明的根基。作为展现忧郁的仅有的处所，它们只留下了能指为自身赋予意义和使自己化为虚无的能力。[①]

想象世界的所指是忧伤，而狂喜是它的能指，这种狂喜背后怀念的是基本的、带着滋养作用的无意义。尽管内在于西方形而上学的二分法之中（自然/文化、身体/精神、低/高、空间/时间、数量/质量……），想象世界却恰恰是可能的世界。恶可

---

① 参见本书第五章第 167—168 页、第 177—178 页；第六章第 252 页；第八章第 328—329 页、第 361 页、第 376—377 页。关于忧郁和艺术，参见 Marie-Claire Lambotte, *Esthétique de la mélancolie*, Aubier, Paris, 1984。

能是一种倒错，死亡可能是终极的无意义。但是，
由于这种消失所维持的意义，重生成为无尽的可
能，重生是矛盾的、具有多重意义的。

瓦尔特·本雅明认为，最好地实现忧郁张力的
是被巴洛克，尤其是被 Trauerspiel（字面意思是"哀
悼的游戏""带有哀悼的游戏"；一般指德国巴洛克
悲剧）所使用的寓言①。

---

① 参见 Walter Benjamin, *Origine du drame baroque alle-
mand*, 1916 - 1925, trad. Franç., Flammarion, 1985；"忧
伤（Trauer）是这样一种心态——情感赋予荒芜的世界新
的生机，就像赋予了一副面具，从而享受某种神秘的快感。
所有的情感都与某个先验的客体相关，它的现象学是这个
客体的呈现。"（p. 150）我们会发现现象学与忧郁情感重新
寻回的客体之间的关系。这是一种可能被命名的忧郁情
感，但是客体的丧失以及忧郁者身上对能指的冷漠又如何
解释呢？本雅明并未论及。"就像人摔倒时身体会栽跟
头，寓言的意图从一个象征跳跃到另一个象征，陷入令人
眩晕的无底深渊。极端的情况下，象征迫使其还原，就好
像它幽暗、做作、远离上帝的部分从此都成为一种幻
象。……与其说物的转瞬即逝的特质在此以寓言的方式
呈现，不如说这种特质本身就是能指，就是寓言。作为复
活的寓言。……这就是忧郁的深沉思考的本质之所在：它
认为可以通过终极客体来彻底防御堕落的世界，终极客体
变成了寓言，填补同时否认它们存在于其中的虚无，正
如其最终意图不会固着于对尸骨的忠诚思考，而是会以背
叛的方式转向复活。"（pp. 250 - 251）

寓言在古代遗留的被否定却始终在场的意义
(因此:维纳斯,或者"皇冠")和基督教精神为所有
物赋予的本意之间游荡。寓言是意思在抑郁/价值
贬损和被赋予意义的颂扬(维纳斯成为基督之爱的
寓言)之间的一种张力。它为丧失的能指赋予了重
要的快感、复活的喜悦。直到延伸至石头和尸体。
它与被命名的忧郁的主体经验并存:忧郁的原乐。

然而,经由其在卡尔德隆(Calderón)、莎士比亚
直至歌德和荷尔德林身上的命运,经由其反衬的本
质,经由其含糊不清的力量,经由意义的不稳定性
(这个意义被它安顿在为沉默和无声之物,即古代
或自然的魔鬼,赋予所指的意图之外),寓言的诞生
揭示出:单纯的寓言形象或许是一种更为广阔的动
力在时间和空间里的区域性定型,这种动力就是想
象的动力。寓言是一种临时的癖好,它所做的不过
是阐明巴洛克想象的某些历史和意识形态的组成
成分。然而,在其具体的立足点之外,寓言发现了
西方想象在本质上依赖丧失(哀悼),依赖其向被威
胁的、脆弱的、毁坏的热情的逆转①。无论它以本来
的面目出现,还是从想象中消失,寓言都从属于想

---

① 参见本书第六章和第七章。

象的逻辑,它的教导模式正体现了想象逻辑。的确,想象经验不是作为神学象征或世俗承诺被接受,而是作为因过量而死亡的意义的骚动被接受。在意义的过量之中,言说的主体(sujet parlant)发现了理想的庇护,更发现了在幻觉和幻灭中重现理想的机会……

西方人的想象能力与基督教相关,这是一种将意义迁移至它在死亡和/或无意义中迷失之处的能力。理想化的幸存:想象是奇迹,同时也将它粉碎——一种关于梦境和词语、词语、词语……的自我幻象。想象体现了临时主体性的全能:直到死亡都在言说的主体性。

第五章　荷尔拜因的《墓中基督》

"信徒可能会失去信仰"

    小汉斯·荷尔拜因（Hans Holbein le Jeune，1497—1543）在 1522 年（底层画布标记的时间是 1521 年）创作了一幅令人困惑的画作——《墓中基督》(*Le Christ mort*)。这幅收藏在巴塞尔博物馆的画似乎给陀思妥耶夫斯基留下了非常深刻的印象。在小说《白痴》的开头，梅什金公爵徒劳地对其进行谈论。几经周折，他才在罗果仁家看到一幅临摹作品，他"在一个猛然想起来的念头影响下"突然惊呼："这幅画！……这幅画！你知道吗，信徒看着它可能会失去信仰？"[①]不久之后，伊波利特（一个配角，却屡次成为叙述者和梅什金的替身）对作品做

---

① 参见 Dostoïevski，*L'Idiot*，La Pléiade，Gallimard，Paris，1953，p. 266。字体强调为本书作者所加。

了精彩的描述:

> 这件作品画的是刚刚从十字架上被取下来的基督。我觉得,钉在十字架上的基督也好,从十字架上取下的基督也好,脸上通常都被画家们画得还带着一种少有的美;他们竭力为他保持这种美,即使在忍受最可怕的酷刑时亦如此。而在罗果仁的那幅画上根本谈不上美;这是一个人的尸体的全貌,他在被钉死之前就已饱尝无限的苦楚、创伤、刑罚,背十字架和跌倒在十字架下时又挨过看守的打,挨过民众的打,最后还被钉在十字架上忍受剧痛,据我估计至少达六小时之久。诚然,这是一个人刚刚从十字架上被取下来时的面容,也就是说还保留着不少生命和温暖的迹象,还完全没有僵硬,因而死者的脸上甚至流露出他此刻还感觉到的痛楚(这一点被画家很好地捕捉到了)。但是,这张脸丝毫没有被美化,只有本相;不管是什么人,在经受这般酷刑以后,他的尸体也确实应当是这样的。

> 我知道基督教会早在公元后最初几个世纪就确认,基督所受的苦难不是象征性而是实

实在在的,那么他的肉体在十字架上也不折不扣、完完全全受到自然法则的支配。在那幅画上他的脸被打得青一块紫一块的,血肉模糊,惨不忍睹;他睁着眼睛,瞳孔歪斜,张开的眼白微微闪着死鱼般的玻璃样反光。但奇怪的是当你瞧着这被折磨至死的人的尸体时,会产生一个独特的、耐人寻味的问题:既然他所有的门徒、那些后来成为他主要的使徒的人看到的正是这样一具尸体,既然那些跟在他后面和站在十字架旁的妇女、所有信奉他的教义和尊他为神的人看到的正是这样一具尸体,那么他们怎么还能相信这个殉道者会死而复活?于是一个观念便油然而生:既然死这样可怕,自然规律的威力这样大,那又怎么能战胜它们?基督生前也曾降伏自然,使自然听命于他;他呼叫说"女儿,起来吧"——她就起来了;他呼叫说"拉撒路出来"——那死人就复活了;然而现在连他也无法战而胜之,那又怎能制服它们呢?看着这幅画,会感到自然依稀化为一只无情而又无声的巨兽,或者说得更确切些——尽管听起来比较奇怪,但要确切得多——依稀化为一台最新式的庞大机器,它无谓地攫夺、麻木不仁地捣碎和吞噬伟大的无价生物——这样的生物一个就比得上整个自然界及其全部规律的价值，比得上整个世界的价值，而世界也许是专为这个生物的降生才被创造出来的呢！

那幅画所表现的并使人不由自主地感受到的大概正是这个观念，即一切都服从于那股阴森、蛮横、无谓地永恒的力量。画面上一个也看不见的那些围着死者的人，在那个一下子使他们的全部希望甚至几乎使他们的信仰遭到破灭的晚上，肯定感到极度的悲痛和惶惑。他们肯定是在无比可怕的恐惧中散去的，尽管每个人都在心中带走一个了不起的思想，这个思想永远不可能从他们心中被夺走。倘若这位夫子在受刑前夕能看到他自己的形象，他会像后来那样走上十字架，那样去死吗？当你看那幅画的时候，这个问题也会油然而生。①

---

① 这几段引文参考了荣如德的中译本（陀思妥耶夫斯基：《白痴》，荣如德译，上海译文出版社，2006 年，第 396—397 页）。——译者注

受难之人

　　荷尔拜因呈现的是一具独自躺在座石上的尸体，座石上随意铺着一块布①。画作里的尸体与真人一般大小，画家呈现的是他的侧面，基督的头部微微朝向观众，头发散在床单上。右手臂放在瘦骨嶙峋、饱受折磨的身体旁边，手部稍稍超出了座石。鼓起的胸部在壁龛底部长长的矩形内部勾勒出一个三角形，壁龛构成了画作的框架。基督胸口带着长矛留下的血淋淋的伤痕，右手中指僵直，手上带着十字架上受难留下的印记。这位殉道者的表情痛苦而绝望，眼神空洞，轮廓尖锐，脸色阴森，那是真正死去之人的脸色，是被天父遗弃（"父亲，为什

---

①　1586 年，博尼费修斯·阿墨巴赫（Bonifacius Amerbach）的儿子、荷尔拜因的朋友、巴塞尔的律师和收藏家巴西利乌斯·阿墨巴赫（Basilius Amerbach）在盘点这幅大约六十年前完成的画作时写道："Cum titulo Jesus Nazarenus Rex."（名为拿撒勒人耶稣，君王。）他又添加了"Judaeorum"（犹太人的）一词以及贴在目前使用的画框上的文字，这个画框制作于 16 世纪末。一般认为，环绕题词的带有激情意味的天使出自小荷尔拜因的兄弟安布罗修斯·荷尔拜因（Ambrosius Holbein）之手。

么你要把我抛弃？"）、没有复活应许的基督。

对人体死亡毫不掩饰的呈现、尸体近乎解剖学的裸露，给观者传递了面对上帝死亡的无法承受的焦虑。在此，上帝的死亡无异于我们自身的死亡，因为我们在画面上看不到任何关于超越的暗示。汉斯·荷尔拜因还放弃了所有建筑和构图方面别出心裁的设计。墓石压在画作的上部，整幅画高度只有 30 厘米①，强调了最终死亡的印象：这具尸体不可能再站起来。停尸床单本身也带有浓厚的死亡气息，上面褶子不多，说明身体几乎没有动，这又增加了僵硬、石头般冰冷的印象。

观者的目光从下方开始，穿透这具没有出口的棺材。自左向右观看，我们的目光会停留在尸体脚下的石头之上，石头以开放的角度向观众倾斜。

这幅尺寸如此特殊的画作是何用途？它是荷尔拜因在 1520—1521 年间为汉斯·奥贝里德（Hans Oberried）制作的祭坛的一部分吗？两块外板描绘的是耶稣受难，内板呈现的则是耶稣降生和崇拜。②

---

① 高与宽的比例为 1∶7，如果算上画幅底部边缘的木板，高与宽的比例是 1∶9。

② 参见 Paul Ganz, *The paintings of Hans Holbein*, Phaidon Publishers Inc., 1950, pp. 218-220。

没有任何资料能够确认这一假设,但是考虑到这幅画与上述祭坛外板的某些共同特点,这样的假设不无道理。这个祭坛在巴塞尔的圣像破坏运动中被部分毁坏。

　　在批评家所做的诸多阐释中,有一种解释今天普遍认为较为可信。这幅画是祭坛装饰屏下部单独的一幅,它当时安放的位置应该比参观者的位置高,参观者可以从正面、侧面和左边(比如从教堂的中殿往南殿走)欣赏这幅画作。上莱茵地区有一些教堂里设有墓龛,里面陈列有雕刻的基督身体。荷尔拜因的这幅画有没有可能是依照这些死者卧像画成的? 一种假设是,这个基督是某个圣墓壁龛的饰面,这个壁龛只在耶稣受难日开放,其余时间都关闭。最后,弗里德里希・佐克(F. Zschokke)根据X光检测结果,认为这幅画最初位于一个类似管道的半圆形壁龛之中。用同样的方法可以看到右脚边上的年份标记以及签名:H. H. DXXI。一年之后,荷尔拜因用一个矩形龛替代了拱形龛,并在脚部上方做了标记:MDXXII H. H.。①

----

① 参见 Paul Ganz,《 Der Leichnam Christi im Grabe,1522 》,in *Die Malerfamilie Holbein in Basel*,Ausstellung im Kunstmuseum Basel zur Fünfhundertjahrfeier der Universität Basel,pp. 188 - 190。

　　荷尔拜因创作这幅《墓中基督》的生平和职业背景也值得一提。1520 年至 1522 年间，荷尔拜因画了一系列的圣母像，其中包括美丽的《索洛图恩圣母像》(*Vierge de Solothurn*)。1521 年，他的长子菲利普出生。也正是在这段时间，他与伊拉斯谟(Érasme)保持着密切的友谊，并在 1523 年为后者画了一幅肖像。

　　孩子的出生；笼罩着他的死亡威胁，尤其是画家身份所带来的威胁——作为父亲，年轻一代的画家有一天会将他取代；伊拉斯谟的友情；对狂热的放弃以及一些人文主义者对信仰本身的放弃。他创作于同一时期的一幅双联画受到哥特艺术的启发，作品用"假色"(fausse couleur)绘制而成，描绘的是《基督受难》(*Christ en homme de douleur*)和《哀痛的圣母》(*Mater Dolorosa*，巴塞尔，1519—1520)。受难基督的身体出奇地强壮，肌肉发达而紧张，坐在柱廊之下。蜷缩的手放置于性器官之前，似乎在痉挛。只有戴着荆棘冠冕的倾斜头部和写满疼痛的脸部表达了弥漫的爱欲之外的病态痛苦。这种痛苦来自怎样的激情？这个亦人亦神的基督承受着痛苦，为死亡所困扰，是否因为他具有性欲、陷于性爱的激情之中？

孤立的构图

意大利的肖像画美化了受难基督的面部，至少将其变得高尚。基督往往被一群沉浸于痛苦中的人物所环绕，画面充满了关于复活的确定性，似乎在向我们暗示面对基督受难我们应当采取的态度。相反，荷尔拜因却以一种特别的方式将这具尸体单独呈现。或许正是这种孤立——一种构图的现实——赋予这幅画沉重的忧郁感。这种孤立所发挥的作用甚至超过了素描和色彩。诚然，基督的痛苦通过素描和着色方面的三个内在元素来表现：向后仰的头部、带着圣伤痕的抽搐的右手以及双脚的姿态。整个画面的底色是灰色、绿色和栗色构成的暗色。但是，这种经过精打细算的、让人心碎的现实又因为画作的构图和它的位置而得到了最大程度的强化：一具平躺的孤独躯体被放置于观者的上方，同时又与观者分开。

荷尔拜因的基督因座石而与我们分开，但他无法去往天堂，因为壁龛的天花板很低。这是一种遥远的、无法触及的死亡，没有彼世的死亡，是一种远远地看着人类，直至死亡的方式。就像伊拉斯谟从远处看见了疯癫。这样的观看并非通向荣耀，而是通往忍耐。这幅画还带有另一种寓意，一种新的寓意。

在这里，耶稣的孤独无依达到了极致：他被天父抛弃，同时也与我们分离，除非荷尔拜因想将我们——人、陌生人、观众——也直接纳入基督生命的这一关键时刻。荷尔拜因虽然思想尖利，却并没有跨越无神论的边界。如果除了我们自己想象死亡的能力之外，没有其他的中介、启发、图像或神学方面的灌输，那么，面对这幅画，我们将在死亡的恐惧中崩溃，或者向往某个不可见的彼世。荷尔拜因是否将我们遗弃，正如基督在某一刻认为自己被遗弃？又或者，与此相反，他邀请我们将基督之墓变成一个活的坟墓，邀请我们参与他所描绘的死亡，从而将这样的死亡并入我们自己的生命之中？为了与死亡共存，也为了让死亡存活，因为，与僵硬的尸体相反，如果活着的身体是舞蹈着的身体，那么，通过与死亡认同，我们的生命不就成了荷尔拜因画笔之下著名的"死神之舞"（danse macabre）？

这一封闭的壁龛、孤立的棺椁在拒绝我们的同时也向我们发出邀请。诚然，尸体占据了画幅的全部，画面上没有任何关于基督受难的明显提示。我们的目光追随着最小的身体细节，最后被钉住，像被钉在十字架上，固定在他的手上，那只手被置于画面布局的中心。如果我们的目光想要逃离这只手，那么它会迅速停留在那张悲痛的脸上或是那双触碰到黑色石头的脚上。但是，这种隔绝包含了两个逃脱的可能。

一方面是日期和签名的插入：基督脚边的MDXXII H. H.。那个时代，在这样的位置署上艺术家的名字，同时加上捐赠者的名字是很常见的。但是，荷尔拜因也可能通过这个符号来将自己并入这场死亡的悲剧之中。艺术家被扔在基督脚下，这是谦卑的表现吗？又或者这是平等的符号？画家的名字并没有低于基督的身体，它们处于同一水平，同样被困于壁龛之中，它们在死亡之中结合。在这里，死亡是人性的基本符号，只有这一形象昙花一现的艺术呈现能够幸存，这个形象勾画于此时此刻，在1521年和1522年！

另一方面是超出了座石的头发和手指，就好像它们要靠近我们，好像画框无法限制住这具尸体。这个画框制作于16世纪，带有一个窄边，上面写着Jesus Nazarenus Rex (Judaeorum)①，这些字延伸到

---

① 意为"拿撒勒人耶稣，犹太人的君王"。——译者注

画幅之上。这个窄边似乎一直是荷尔拜因这幅画的一部分，上面有手持殉道工具——箭、荆棘冠、鞭子、鞭刑柱、十字架——的五个天使。荷尔拜因的画被放进这个带有象征意义的画框里，因而也带有了它本身并不强调的福音意义，而对于画的买主而言，这个画框也证明了画作具有福音的意味。

尽管荷尔拜因创作这幅画的初衷是用于祭坛画的下部，最后它却单独遗留了下来。这种孤立的状态辉煌却又凄惨，它避免了基督教的象征主义，也避免了将绘画与雕塑相结合的德国哥特式烦琐风格，为祭坛装饰屏注入了新的元素，其中颇具多元的意味，也增强了图像的动感。面对传统，荷尔拜因选择了孤立、删减、浓缩和精简。

因此，荷尔拜因的创新之处在于对基督之死的看法，在他的视角里，基督之死不具有悲怆之感，平庸之中透出内心微妙的情感。在此，人性化达到了极致：荣耀从画面中被抹去。当死亡变得稀松平常，最普通的符号也能给人带来极度的不安。与哥特式的激情相反，忧郁在此逆转为人道主义和过分克制。

但是，这种新意其实与拜占庭的基督教圣像画一脉相承①。在多明我会神秘主义（mystique dominicaine）的影响下，1500 年前后，许多关于基督之死的画像传到中欧，其在德国的主要代表有艾克哈特（Eckart，1260—1327）、陶勒（Tauler，1300—1361），更为重要的还有亨利·德·伯格（Henri de Berg，1295—1366）②。

---

① 参见本书第七章第 317—318 页。

　　在荷尔拜因之前也出现过以这种平躺的姿态呈现基督身体的画作，比如收藏于阿西西的彼得罗·洛伦泽蒂（Pietro Lorenzetti）的《从十字架上下来的基督》（*Descente de la Croix*）。同样的姿势，同样朝向右侧，基督平躺在巴塞尔的布兰辛根教堂（Église de Blansingen）的壁画里。这座教堂大约建于 1450 年。1440 年，《罗昂时祷书》（*Les heures de Rohan*）的大师描绘了死去的基督僵硬、血淋淋的形象，与之相伴的还有哀悼之中的玛利亚。人们常常把这个系列与维勒纳夫（Villeneuve）的《圣殇》（*Pietà*）相提并论，后者描绘的是基督的侧像。（参见 Walter Ueberwasser, « Holbeins » « Christus in der "Grabnishe" », in *Festschrift für Werner Noack*, 1959, p. 125 sq.）

　　值得一提的还有弗里堡大教堂（cathédrale de Fribourg）的雕塑《墓中基督》（*Le Christ dans le tombeau*）和弗赖辛大教堂（cathédrale de Freising）一尊平躺的基督像，这尊雕塑创作于 1430 年，基督的身体姿态以及作品尺寸与荷尔拜因的画作十分相近。当然，这里我们暂且不谈文艺复兴时期艺术家特有的关于身体的解剖学知识。

② 关于中世纪末期德国的宗教情感及其对绘画的影响，请参见 Louis Réau, *Mathias Grünewald et le Retable de Colmar*, Éd. Berger-Levrault, 1920。

格吕奈瓦尔德和曼特尼亚

我们将荷尔拜因的视角与格吕奈瓦尔德（Grünewald）的伊森海姆（Issenheim）祭坛画（1512—1515）的视角进行对比。后者于1794年被转移到科尔马（Colmar）。位于中心的《基督受难》（*Crucifixion*）呈现的是带着诸多殉道者标记（荆棘冠、十字架、无数伤口）的基督，他的肉体甚至已经开始腐烂。在此，哥特式表现主义在痛苦的表达方面达到了极致。但是，格吕奈瓦尔德的基督并非像荷尔拜因画笔下的基督那样完全孤立。他所属的人世通过倒在传道者约翰身上的圣母玛利亚、抹大拉的玛利亚以及施洗约翰来呈现，他们将怜悯引入画面之中①。

但是，格吕奈瓦尔德所画的科尔马同组祭坛画下部的那一幅呈现的却是与《基督受难》里完全不同的基督形象。这一幅名为《埋葬/哀悼基督》（*Mise au tombeau ou Lamentation*）。水平线代替

---

① 参见 W. Pinder, *Holbein le Jeune et la Fin de l'art gothique allemand*, 2ᵉ éd., Cologne, 1951。

了《基督受难》里的垂直构图。基督的尸体与其说是悲惨，不如说是悲哀；那是一具沉重而平静的身体，凄凉，宁静。荷尔拜因可能仅仅是把格吕奈瓦尔德这具垂死的基督身体调换了方向，让他脚朝右，同时去掉了三个处于哀悼之中的人（抹大拉的玛利亚、圣母玛利亚、圣约翰）。格吕奈瓦尔德的《哀悼基督》画得比《基督受难》更为节制，这已经提供了哥特艺术向荷尔拜因过渡的可能性。但是，可以确定的是荷尔拜因比这位科尔马大师短暂的抚慰更进一步。格吕奈瓦尔德的创作似乎在很大程度上受到了老荷尔拜因的启发，后者在伊森海姆安顿下来，并于 1526 年在此去世①。因此，用朴实无华的现实主义手法来实现比格吕奈瓦尔德更为凄美的效果，这对于荷尔拜因而言是一场与同为画家的父亲之间的较量。荷尔拜因让哥特式的风暴彻底平息下来，与同时代正在孕育之中的矫饰风格擦肩而过。他的艺术呈现出一种古典主义的倾向，回避了对无负担的空洞形式的迷恋。他为图像增加了人类痛苦的沉重感。

最后，曼特尼亚（Mantegna）著名的《哀悼基督》

---

① 参见 W. Ueberwasser, *op. cit.*。

(*Cristo in scruto*，1480？收藏于米兰布雷拉博物馆)可以被视为关于基督之死近乎解剖学视角的开山之作。画中基督的脚底朝向观众,画面整体呈收缩视角,尸体以一种近乎淫秽的方式被粗暴地呈现给观者。但是,曼特尼亚画面左上角的两个女人为画面引入了痛苦和怜悯,荷尔拜因保留了痛苦和怜悯,却将这两个女人驱逐出观者的视野,或者说,他用一种无声的呼唤让我们与死亡的上帝之子进行一种人性化、过度人性化的认同,而这种呼唤成了唯一的中介,又使被驱逐的两个女人重新出现。就好像荷尔拜因已经内化了受多明我会启发的哥特式痛苦,这种痛苦经过了亨利·德·伯格感伤主义(sentimentalisme)的过滤,正如格吕奈瓦尔德的表现主义所呈现的那样。荷尔拜因去除了夸张的成分,同时也去除了神性的存在,而神性在格吕奈瓦尔德的画中具有十足的让人产生负罪感以及赎罪的力量。又好像荷尔拜因接续了曼特尼亚的解剖学式的、让人安定的课题,以及意大利天主教的教义。相比人的原罪,意大利天主教更强调宽恕,更多受到方济各会田园牧歌式的狂喜的影响,而非多明我会痛苦有益论的影响。但是,荷尔拜因始终牢记哥特精神,他保留了痛苦,并将痛苦人性化,而没有追随否认痛苦、颂扬肉体光辉或彼世之美的意大利路径。荷尔拜因选择了另一个角度：他将十字架上的受难平常化，使得它对于我们而言不那么遥不可及。这个人性化的处理表现出对超验性或多或少的讽刺意味，同时也表现出对我们的死亡的巨大怜悯。传说荷尔拜因当时用的模特是从莱茵河里打捞起来的一具犹太人的尸体……

这种讽刺与恐怖交融的意味[1]在荷尔拜因的另一组作品中表现得淋漓尽致。1524 年，荷尔拜因在法国南部逗留期间接受了来自两位编辑——梅尔基奥（Melchior）和加斯帕尔·特雷谢尔（Gaspard Treschel）的订单，他们请他完成一系列题为《死神之舞》（*Danse macabre*）的木雕。这个系列由荷尔拜

---

[1]　关于死神的主题贯穿了整个中世纪，在北欧国家尤其受欢迎。然而，薄迦丘在《十日谈》的序言中摒弃了对这一阴郁形象的兴趣，转而颂扬活着的愉悦。

相反，托马斯·莫尔（荷尔拜因经由伊拉斯谟结识了他）对死亡的看法与荷尔拜因在《墓中基督》中所表达的观点如出一辙："我们以死亡为玩笑，认为它离我们很遥远。但它就隐藏在我们器官的最神秘之处，因为自你出生的那一刻，生与死便以同样的步伐前行。"（参见 A. Lerfoy，*Holbein*，Albin Michel，Paris，1943，p. 85。）我们知道，莎士比亚擅长将死亡主题中的悲剧和美妙交织呈现。

因绘制、汉斯·路采尔伯格（Hans Lutzelburger）雕刻，于 1538 年在里昂出版，后来不断被复制，流传于整个欧洲。这组木雕为当时复兴的人性提供了关于自身的一种毁灭性却又十分怪诞的表现形式，它将弗朗索瓦·维庸（François Villon）的风格以图像的形式呈现了出来。从底层人民中的新生儿到教皇、皇帝、大主教、教士、贵族、平民、爱人……所有人都逃不过死亡。所有人都与死神有所交织，任何人都逃不出死神致命的怀抱。在这里，关于死亡的焦虑隐藏着它忧郁的力量，从而在某种微笑的讽刺或怪相之中展示出挑战，这种嘲弄的微笑并不显得得意扬扬，似乎我们在笑的同时也知道自己已经输了。

文艺复兴视角下的死亡问题

我们想象的文艺复兴时期的人往往是拉伯雷式的：伟大，或许像班努赫鸠（Panurge）一样，有点滑稽，但他完全被抛向幸福、抛向"神瓶"的智慧。然而，荷尔拜因为我们提供了另一种视角：人受制于死亡，拥抱死神，将死亡融入他的存在本身。死亡对于人而言并非荣耀的条件或者他罪恶本性导致的后果，而是他去神圣化的现实的终极本质，而这个现实是一种新的尊严的基础之所在。也正因此，荷尔拜因笔下接近于常人的死亡基督的形象是伊拉斯谟《愚人颂》（*Éloge de la folie*，1511）的亲密共谋。1523 年，荷尔拜因成为伊拉斯谟的朋友，为他画肖像，并为他的作品绘制插画。正是因为承认疯癫，直面死亡——或许也直面他的精神风险、心理死亡的风险——人类才得以达到另一个维度。未必是无神论的维度，但一定是幻灭、从容而威严的姿态。就像荷尔拜因的作品。

新教式的痛苦

宗教改革是否影响了这样一种死亡观？是否影响了对基督之死的这种不带任何关于赎罪和复活影射的呈现方式？我们知道，天主教倾向于强调基督之死的"幸福愿景"，淡化基督受难所承受的痛苦，而强调基督知道自己将会复活（《圣经·诗篇》22、29 及其后）。相反，加尔文则强调基督临死时沉浸在可怕的深渊（formidabilis abysis）之中，坠入原罪和地狱的深处。路德（Luther）将自己描绘成受到土星和魔鬼影响的忧郁之人。"我，马丁·路德，出生在最不利的星辰之下，很可能是土星。"他在1532年说道，"那里有一个满怀惆怅的人，魔鬼准备了澡盆……我根据经验得知如何面对诱惑。谁若被忧伤、绝望或其他心灵的痛苦所折磨，谁的良心若长了蛀虫，那么他首先应当依赖于来自神的话语的安慰，去吃饭、喝水，寻求代表上帝和基督徒的幸福之人的陪伴、与他们对话。这样，情况就会改善。"①

在《九十五条论纲》（ *95 thèses contre les indulgences* ，1517）中，马丁·路德发出了对痛苦的神秘呼吁，将其视为通向天堂的手段。如果说人经由圣恩而诞生的想法与沉浸在痛苦之中的想法并存，那么也可以说，信仰是否虔诚可以通过忏悔的能力来衡量。于是，"也正因此，只要对自己的恨（换言之，真正的内心忏悔）还在持续，赎罪就在继续。必须对此有所认知，直至进入天国"（第4条）；"如果没

---

① M. Luther, *Tischereden in der Mathesischen Sammlung* , t. Ⅰ, n° 122, p. 51, 转引自 Jean Wirth, *Luther, étude d'histoire religieuse* , Droz, 1981, p. 130。

有在牧师、主教面前虔诚忏悔，那么上帝绝不会将罪过交还给他"（第 7 条）；"真正的忏悔要寻找痛苦、要热爱痛苦。过度宽恕会使他们松懈，使他们（至少短暂地）变得可憎"（第 40 条）；"应该劝告基督徒经由痛苦、死亡，甚至地狱来忠诚地追随他们的领袖——基督"（第 94 条）。

卢卡斯·克拉纳赫（Lucas Cranach）成了新教的官方画师，丢勒则给路德寄去了一系列宗教雕刻作品。但是，像伊拉斯谟这样的人文主义者一开始就对这位改革者持谨慎态度。随后，他对《教会的巴比伦之囚》（*Captivité à Babylone*）中提出的激进变革越来越持保留态度，尤其不认同路德人的意志是魔鬼和上帝之奴隶的观点。他赞同奥卡姆派的观点，认为自由意志能使灵魂得救①。同样地，比起路德，荷尔拜因的观点更接近他的朋友伊拉斯谟。

---

① 参见伊拉斯谟《论自由意志》（*De libero arbitrio*）和路德的回应《论意志的奴役》（*De servo arbitrio*）。参见 John M. Todd, *Martin Luther, a Biographical Study*, The Newman Press, 1964；R. H. Fife, *The Revolt of Martin Luther*, Columbia University Press, 1957。

圣像破坏运动与极简主义

安德里亚斯·卡尔施塔特(Andreas Karlstadt)、路德维希·海策尔(Ludwig Haetzer)、加布里埃尔·兹威灵(Gabriel Zwilling)、霍尔特赫西·茨温利(Huldreich Zwingli)等宗教改革的神学家,以及路德本人(尽管是以一种更为模糊的方式)进入了一场真正的战争之中,这场战争反对形象,反对任何非言语、非声音的表现形式或对象①。

作为一座资产阶级的城市,同时也是一座繁华的宗教城市,巴塞尔在1521—1523年间遭到新教的圣像破坏运动的侵袭。威登堡的改革者认为罗马教廷在信仰的物质化和偶像崇拜方面存在过度和滥用的状况,作为回应,他们洗劫了教堂,抢夺并

---

① 参见 Carl C. Christensen, *Art and the Reformation in Germany*, Ohio Univ. Press, 1979；Charles Garside, Jr, *Zwingli and the Arts*, New Haven, Yale Univ. Press, 1966。相关作品里值得一提的还有亨利·高乃依·阿格里帕·内特斯海姆的圣像破坏论:Henri Corneille Agrippa de Nettesheim, *Traité sur l'incertitude aussi bien que la vanité des sciences et des arts*, trad. française Leiden, 1726。

摧毁了圣像以及所有信仰的物质化呈现载体。1525 年的农民战争期间，艺术作品又一次遭到破坏。1529 年，一场盛大的"偶像之战"在巴塞尔爆发。荷尔拜因虽不是虔诚的天主教徒，却也因为画过十分精彩的圣母像而饱受其苦：《圣母与圣婴》（*La Vierge et l'Enfant*，巴塞尔，1514）、《文艺复兴式门廊下的圣母与圣婴》（*La Vierge et l'Enfant sous un porche renaissant*，伦敦，1515）、《诞生与崇拜》（*Nativité et Adoration*，弗里堡，1520—1521）、《麦琪的崇拜》（*L'Adoration des mages*，弗里堡，1520—1521）、《索洛图恩的圣母玛利亚》（*Madone de Solothurn*，1521），以及后来为梅耶市长绘制的《达姆施塔特的圣母玛利亚》（*Madone de Darmstadt*，1526—1530）。巴塞尔圣像破坏的氛围使得荷尔拜因不得不逃跑：他带着伊拉斯谟的信来到英国（可能是在 1526 年），伊拉斯谟把他介绍给托马斯·莫尔。这段著名的话便出自这封信："在这里，艺术是冰冷的：他到英国去草草画点天使。"[1]

然而，我们注意到，在改革者和人文主义者这两个阵营中都出现了强化人与痛苦和死亡对峙的

---

[1]　参见 Carl C. Christensen, *op. cit.*, p. 169。

趋势,这道出了真相,同时也对官方教会肤浅的唯利是图的作风形成一种挑战。

但是,荷尔拜因后来可能经历了信仰的转变,甚至是信仰的消退,这种变化比他杰出的友人伊拉斯谟的变化更甚,而恰好与托马斯·莫尔相反,后者最终成了天主教信仰的殉道者。尽管还保留着信徒的外表,但他的信仰其实已经消失在一种职业的安宁之中。荷尔拜因以非常个人的方式整合了那个时代不同的宗教和哲学流派——从怀疑论到摒弃偶像崇拜,并用艺术的方式重新建构了一种新的关于人性的视角。对于荷尔拜因而言,痛苦的印记(如《画家妻子肖像及两个孩子》,1528,巴塞尔博物馆,或者 1519—1520 年间画的阿默巴赫双联画——《悲伤的基督和玛利亚》《悲伤的母亲》)和不可见又无法想象的死亡(在 1533 年创作的《使节》中,画面下方有一个巨大、变形的头颅)成为新人类,或许也是画家自身最大的苦难。一切都变得不再令人向往,价值崩塌了,你变得忧郁? 那么,我们可以让这种状态变得很美,可以把欲望的撤退自身变得令人向往,由此,原本致命的放弃或崩溃可以被视为一种和谐的庄严。

从绘画角度而言,我们在此面对的是一个重大的考验。这是一个为无法表现的事物赋予形式和色彩的问题，它并非被构想为爱欲的充分呈现（比如它在意大利艺术中的体现，甚至基督受难也是以这样的风格来呈现的，事实上，这种风格在这类主题中的呈现也最为典型），而是被设想为表现手法在死亡之中触及了消失的边界。荷尔拜因在颜色和构图上的克制体现了死亡与形式之间的这种竞争关系。他并不回避死亡，也不将其美化，而是将死亡固定在最低的可见性之中，固定在痛苦和忧郁构成的极限表达之中。

1528 年，荷尔拜因从英国返回巴塞尔。1530年，荷尔拜因改信新教。据招募记录记载，在正式改宗之前，他要求对"圣餐进行更好的解释"。正如弗里茨·萨克斯尔（F. Saxl）所言[1]，这段以"理性和信息"为基础的对话很好地体现了荷尔拜因与路德教徒之间的关系。他的某些画作显示出对教会改革精神的明确选择，但他并不赞同对路德本人的狂热崇拜。因此，在《基督之光》（*Christus vera lux*）这幅关于莱昂十世（Léon X）的双联画、巴塞尔的第一

---

[1]　参见 F. Saxl, « Holbein and the Reformation », *Lectures*, vol. 1., p. 278, London, Warburg Institute, Univ. of London, 1957。

本路德教会《圣经》的封面以及路德《旧约》的插画里,荷尔拜因所做的,与其说是阐明普遍的教条,不如说是表达一种个人观点。在荷尔拜因为路德创作的木雕中,这位改革者以赫拉克勒斯(Hercules Germanicus)的形象出现,但是画家事实上表现的是他的恐惧、可怖,以及狂热崇拜的暴行(atrocitas)①。似乎伊拉斯谟对他的改变更甚于路德给他带来的变化。我们都熟知荷尔拜因于1523年为《愚人颂》的作者所画的肖像,这幅画将这位人文主义者的形象永久地保留了下来:当我们想起伊拉斯谟,我们看到的难道不是小荷尔拜因为我们所呈现的那个形象吗? 下面我们还将探讨他们二人与死亡的亲近关系,这更接近我们的主题。

"死亡是一切事物的终结"

上文提过的荷尔拜因著名的系列版画《死神之舞》呈现了一个看似局限却变化无穷的主题——一

———————

① 参见 F. Saxl, « Holbein and the Reformation », *Lectures*, vol. 1., p. 278, London, Warburg Institute, Univ. of London, 1957, p. 282.

个人拥抱着死神。在这些缩影和一个如此局限的
主题里竟包含着如此丰富的内容、如此广阔的空
间！荷尔拜因反复使用了匕首鞘的主题，将那些凡
人舞者嵌入一个凹陷而封闭的空间。在《死神之舞
首字母插画》(*Initiales illustrées de scènes de la
danse macabre*)里同样如此，每个字母都配有一个
被死神抓住的人类形象。我们如何能不把荷尔拜
因笔下反复出现却又以轻松方式呈现的死神与这
样的现实联系起来，他的朋友伊拉斯谟的保护神是
罗马神话里的界神(Terminus)，他的徽章上刻有界
神，上面的箴言是："界神我不向任何人让步"(Ter-
minus concedo nulli)或者"我不向任何人让步界神"
(concedo nulli Terminus)，"我绝不动摇"(Je ne
bouge en rien)，以及"别忘了漫长的生命也会结束"
(希腊语)、"死亡是一切事物的终结"(拉丁语)？的
确，"死亡是一切事物的终结"(Mors ultima linea re-
rum)如果不是贺拉斯和伊拉斯谟的箴言[1]，那么它

---

[1] 参见 Erwin Panofski,《 Erasmus and the visual arts 》,
Journal of the Warburg and Courtauld Institutes，32
(1969)，pp. 220 - 227。和界神一样，伊拉斯谟不会向任何
事物让步；又或者，根据另一种解释，是死神本身，如同界
神，不愿意屈服。

可以成为巴塞尔《墓中基督》的箴言。

人们常常会强调荷尔拜因作品的冷静、克制，强调他的艺术中工匠的一面①。的确，在那个时代，画家身份的变化决定了风格的变化，画家与画室的关系变得松散，他们关注自己的职业生涯。为了迎合当时新生的矫饰主义风格，他们只能在一定程度上隐去个人的风格。矫饰主义喜欢表达情感，喜欢平面和斜角，但荷尔拜因还是能够将它与自己的空间感相结合。宗教改革者的圣像破坏运动也经历了这样的阶段。荷尔拜因对此是拒绝的，他甚至离开巴塞尔去了英国，他没有选择任何形式的颂扬。事实上，他还是吸收了那个时代的精神——一种剥离、粉碎、微妙的极简主义精神。将这个时代的运动简化为一种对忧郁的个人选择是不准确的，尽管他描绘的不同国家、不同社会阶层的人脸上都隐隐约约地透着忧郁。然而，这些个性和时代特征之间具有共同之处：它们使得画家在可表现的极限边缘进行表达，用最大的准确性和最低的热情，在冷漠的边缘进行表达……事实上，无论在艺术还是在友谊里，荷尔拜因都不是一个倾向于介入的人。他的

---

① 参见 Pierre Vaisse, *Holbein le Jeune*, Rizzoli, 1971; Flammarion, Paris, 1972。

朋友托马斯·莫尔的失宠并没有让他为难,他依然留在亨利八世身边。伊拉斯谟认为荷尔拜因的这种行为厚颜无耻,为此感到震惊,然而这种行为或许仅仅是美学和心理上的冷漠:忧郁者的冷淡和情感的麻痹。在1533年3月22日写给博尼法斯·阿莫巴赫(Boniface Amerbach)的一封信的附言里,伊拉斯谟埋怨了那些滥用他的保护、利用主人的人,他向这些主人举荐了他们,而他们最终却让人失望。其中就有荷尔拜因。[①]

犬儒主义还是冷漠无情

　　荷尔拜因是圣像破坏运动的敌对者,他躲过了巴塞尔新教徒的怒火,避免自己成为圣像破坏运动的直接受害者。但是,他本人是否正是一位理想的圣像破坏者:疏远、冷漠、十足的讽刺者,因为厌恶任何形式的压迫而在一定意义上成为一个不道德的人? 他是否热衷于刘抗压迫,甚至在忧伤的、极度造作的艺术创作中尝试消除任何技法? 荷尔拜

---

① 参见 E. Panofski, « Erasmus and the visual arts », *op. cit.*, p. 220。

因在 19 世纪受到推崇,20 世纪的艺术家则认为他令人失望,或许,通过《墓中基督》所透露的既讽刺又凄凉、既绝望又犬儒的态度,我们会觉得他与我们更为接近? 如同殉道之于改革派的信仰,与死亡共存、朝死亡微笑、呈现死亡,并不能开启善的人文主义道德之路,但它更多宣告了不相信彼世的画家的不道德,他试图在简洁和利益之间寻找美。有意思的是,在这一片任何形式的美都应当缺席的荒漠之中,他将不宁的心绪凝缩为一幅关于颜色、形式和空间的杰作。

尽管奉持极简主义原则,荷尔拜因的作品依然具有很强的表现力,如果我们将他的画作与收藏于卢浮宫的菲利普·德·尚佩涅(Philippe de Champaigne)的《基督之死》(*Christ mort*)做对比,这种表现力将会更为凸显。尚佩涅的画具有冉森教派的味道,画面透露出一种庄严而高傲、无法言喻又略显做作的忧伤①。

---

① 菲利普·德·尚佩涅所描绘的躺在裹尸布上的基督(完成于 1654 年之前)因救世主的孤独状态而让我们想起荷尔拜因的画作。这幅画的原型是博纳索诺(J. Bonasono)模仿拉斐尔的作品,尚佩涅将原画里的圣母去掉了。尽管他

那么，荷尔拜因不是天主教徒，不是新教徒，也不是人文主义者？他是伊拉斯谟和莫尔的朋友，但后来又与上述二人的敌人、暴君亨利八世友好相处。他躲避巴塞尔的新教徒，却在首次从英国返回之后接受这些新教徒的称颂，甚至可能改信了新教。他原本决定留在巴塞尔，最终却再次来到英国，成为亨利八世的御用画师，这位暴君处决了他的多位朋友，而他也曾细心地为这些朋友画过肖像。荷尔拜因并没有为这段过往留下任何传记性质的、哲学或形而上的评论（丢勒则与之相反）。追溯这段历史，仔细观察他的肖像画里那些严肃、阴郁、不带任何伪装的面容（他的处理方式中不带任何献殷勤的味道），我们或许看到了荷尔拜因作为一个看穿了一切的现实主义者的个性和美学态度。

画风上的严谨及用色上的节制都与荷尔拜因十分接近，但是尚佩涅更忠实于《圣经》原文（他画出了基督传统的几处伤口、荆棘冠等），画面更加冰冷、有距离感，甚至更加无情。通过这样的视角，我们可以看到冉森教派的精神，也能看到 16 世纪末神学家［博尔蒂尼（Borthini）、帕雷奥迪（Paleoti）、吉利奥（Gilio）］所提倡的——避免表现痛苦。［参见 Bernard Dorival, *Philippe de Champaigne* (1602 - 1674), 2 vol, Éd. Léonce Laguet, 1978。］

幻灭可以成为美吗？

当时的欧洲社会动荡不安，人们对道德真相往往有着过度的追求。与此同时，商人、手工艺者、航海家的现实主义品味使得严谨的风格占据了统治地位，但这种风格又很容易被金钱腐化。荷尔拜因不愿意用一种美化的视角来看待这样一个拥有简单而脆弱真相的世界。如果他将背景和人物的服饰美化，那么就意味着要牺牲对人物个性的把握。在欧洲诞生了一种新的、充满悖论的绘画理念：认为真相很严酷，它不时让人悲伤，常常让人忧郁。这种真相是否可以成为美呢？荷尔拜因超越了忧郁，他的答案是：是。

这种幻灭化身为美的状态在女性肖像画中体现得尤为明显。在《画家的妻子和两个孩子》(*Portrait de la femme du peintre avec ses deux aînés*，巴塞尔，1528)中，妻子的表情忧愁而疲惫。随后的《索洛图恩的圣母玛利亚》(*Madone de Solothurn*)也以他的妻子为原型，画中的圣母依然是略带悲伤。他在英国完成的女性肖像画也延续了这种简洁而忧伤的风格。诚然，这种情绪来自亨利八世治下都铎王朝的悲惨历史,臣民们对亨利八世既畏惧又敬仰。荷尔拜因捕捉了那个时代的阴郁氛围,正如亨利八世的王后系列所呈现的,尽管表现几位王后的笔触及其呈现出的个性与活力各自不同,但她们无一例外地,都有着同样的略带恐惧或忧郁的僵化表情:安妮·博林(*Anne Boleyn*)、简·西摩(*Jane Seymour*)、克莱沃的安娜(*Anne de Clèves*)、凯瑟琳·霍华德(*Catherine Howard*)。在绘制于1539年的《爱德华,威尔士亲王》(*Édouard,prince de Galles*)中,小王子鼓鼓的腮帮显示出孩童的天真无邪,低垂的眼睑却流露着有所克制的悲伤。或许,只有《维纳斯与爱神》(*Vénus et l'Amour*,1526)和《科林斯的莱丝》(*Laïs de Corinthe*,巴塞尔,1526)(这两幅画的原型可能是荷尔拜因的情妇)中呈现出的些许狡黠——又或者其中更多的是讽刺而非愉悦——有别于其他作品朴实无华的画风,尽管如此,画家在此呈现的依然不是一个欢乐的、无忧无虑的感官世界。至于男性肖像画,《伊拉斯谟》中因智慧而呈现出的仁慈、《巴西利乌斯·阿墨巴赫》(*Basilius Amerbach*,巴塞尔,1519)中贵族的高雅和智慧之美、《本尼迪克特·冯·赫滕斯坦》(*Benedikt von Hertenstein*,纽约大都会艺术博物馆,

1517)中的感性，切断了荷尔拜因绘画中一以贯之的人性已死的视角。你看不见死亡吗？仔细找找吧！它就在素描之中、在构图之中，它化身于物体、面容和身体之中，比如《大使让·德·丁特维尔和乔治·德·塞尔维》(*Ambassadeurs Jean de Dinteville et Georges de Selve*，伦敦，1533)中变形的头颅，以及更为明显的《窗龛里的两个骷髅头》(*Deux crânes dans une niche de fenêtre*，巴塞尔，1517)①。

色彩的运用与形式的组合

我们并非试图说明荷尔拜因是忧郁者，或者说他描绘了一些忧郁者。通过他的作品，我们似乎看到，某个忧郁时刻（某个真实或想象的意义的丧失，一种真实或想象的绝望，某种象征性价值甚至生命意义的真实或想象的崩溃）激发了他的美学创作。而他的艺术创作使他一方面得以战胜潜藏的忧郁，另一方面也保留了一些忧郁的痕迹。他以玛格达

---

① 参见 Paul Ganz，*The paintings of Hans Holbein*, *op. cit.*。

琳娜·奥芬伯格（Magdalena Offenburg）为原型画了巴塞尔的《维纳斯》（1526 年前）和《科林斯的莱丝》；此外，他还在伦敦留下了两个私生子。基于以上两个事实，我们猜想年轻的荷尔拜因经历过一段秘密而热烈的婚外情。夏尔·帕丹（Charles Patin）在他编订的伊拉斯谟的《愚人颂》（巴塞尔，1676）中首次谈到了荷尔拜因的放荡生活。鲁道夫和玛丽·威特科沃（Rudolf et Marie Wittkower）认可了这样的说法，并把荷尔拜因描述成一个挥霍无度的人：他可能把在亨利八世处领取的巨额俸禄用于购买奢华而怪诞的衣服，以至于最后给他的继承人留下的只有微不足道的遗产[①]……除了关于玛格达琳娜·奥芬伯格本人放荡生活的传说之外，没有任何严肃的材料能够证明上述关于荷尔拜因生平猜测的真伪。同时，鲁道夫和玛丽·威特科沃也拒绝将荷尔拜因的作品考虑在内，他们认为可以忽略这一事实：荷尔拜因的作品没有任何关于人们所说的放荡生活和挥霍无度的体现。我们则认为，如果这一

---

①　参见 R. et M. Wittkower, *Les Enfants de Saturne, psychologie et comportement des artistes de l'Antiquité à la Révolution française*, trad. franç. Macula，1985。

性格特征被证实，它与荷尔拜因作品所反映出来的抑郁气息并不形成矛盾。抑郁与某个全能客体（objet omnipotent）、某个不断萦绕于心的物（Chose accaparante），而非某个转喻性质的欲望极点（pôle du désir métonymique）相关。而这种欲望极点或许可以"解释"通过感觉、满足、激情等的消耗来自我保护的倾向，这样的消耗既狂热又带有进攻性，既让人沉醉又显得如此冷漠。然而，我们发现，这些消耗的共同特点是"松绑"——解脱，走向别处，走向异乡，走向他人……然而，通过艺术，以自发和节制的方式表现原发过程似乎是战胜潜在悲痛的最有效方式。换言之，对于艺术家主体而言，控制和掌握颜色、声音及词语的"消耗"是一种基本手段，它与"波希米亚式的生活""罪行""放荡"并行不悖。我们看到，这些游戏艺术家的行为游走于"放荡"和"吝啬"之间。因此，正如艺术家的行为，艺术风格是一种超越他者和意义丧失的方式：它比任何其他的方式都更有力，因为它更加自主（无论资助者是谁，画家都是作品的主人，难道不是这样吗?）。但是，本质上而言，艺术风格其实与行为类似，或者说是行为的补充，因为两者都满足了对抗分离、空虚和死亡的心理需求。艺术家的生活本身不就是一件艺术作品吗？艺术家本人同样这么认为。

墓中基督

抑郁时刻：一切都死了，上帝死了，我死了。

但是，上帝怎么会死呢？让我们简要地回顾基督之死的福音内涵。关于"救赎之谜"（mystère de la Rédemption）的表述繁多且复杂，充满矛盾。精神分析师对此无法完全认同，但是他可以通过查阅种种表述，在自己对《圣经》文本理解的基础上尝试解读其内涵。

耶稣的某些话语宣告了他的暴力死亡，而没有提及救赎；相反，另一些话语似乎从一开始就服务于复活。①

---

① 因此，一方面有："我要喝的那杯，你们也要喝；我所受的洗，你们也要受"（《马可福音》10：39；《马太福音》20：23）；"我来是要把火丢在地上，我多么希望这火已经燃烧起来。我有要受的'洗礼'，我何等迫切地想完成这'洗礼'啊"（《路加福音》12：49—50）；尤其是意味着他失去希望的那个著名句子，"以利，以利，拉马撒巴各大尼？"——"我的上帝，我的上帝，你为什么将我离弃？"（《马太福音》27：46；《马可福音》15：34）

"服侍"（service）一词在《路加福音》中指的是"餐桌上的服侍"（service de table），而它在《马可福音》中则变成了一种"赎救"、一种"赎金"（lytron）[1]。这种语义上的转变表明了基督"献祭"（sacrifice）的地位。给予食物的人是以自身为代价，使他人活着、自己却消失的人。他的死亡不是谋杀，也不是颓废，而是一种生命的中断，相比价值的毁灭或对某种堕落之物的遗弃，它更接近于滋养。伴随着这些文本，献祭这一概念发生了明显的变化，它试图以祭献人为中介，在人与上帝之间建立联系。如果说祭献意味着对给予之人、对献出自己之人的剥夺，那么重点更多在于关联，在于吸收（"在餐桌上服侍"），以及这一行为所带来的和解作用。

的确，耶稣留给他的门徒和信徒的唯一仪式，

另一方面，也有宣告好消息的言语："因为就连人子也不是来受人服侍，而是来服侍人，并且牺牲生命，作许多人的赎价"（《马可福音》10：42—45）；"我在你们当中是服侍人的"（《路加福音》22：25—27）。（本注解的《圣经》原文借用了当代译本的译文，下同。——译者注）

[1] 参见 X-Léon Dufour, « La mort rédemptrice du Christ selon le Nouveau Testament », in *Mort pour nos péchés*, Publ. des Facultés Universitaires Saint-Louis, Bruxelles, 1979，pp. 11 - 45。

就是在最后的晚餐上嘱托给他们的圣餐礼。由此，
献祭失效（aufgehoben）了：被破坏、被超越①。许多
评论者都探讨了勒内·基拉尔（René Girard）的一
篇论文，他在文中指出，耶稣没有献祭，基督教里也没
有献祭，由此，勒内·基拉尔也为神圣画上了句号。

　　"赎罪"（expier）一词（拉丁语 expiare，希腊语
hilaskomaï，希伯来语 kipper）所指的正是这种超越
的意义，它更多强调的是一种和解（"对某人示好，
让自己经由上帝而和解"），而非"遭受惩罚"的事
实。诚然，"和解"（réconcilier）的意义可以追溯到希
腊语的 allassô（"使成为别的样子""改变自己对某
人的态度"）。由此，我们在基督赎罪式的"献祭"中
看到的，与其说是流血的暴力，不如说是某种可以
接受、同时被接受的祭品的祭献（offrande）。这种
在慈爱的上帝影响下，将"牺牲品"（victime）变成一
种担负起拯救和调解作用的"祭献"的做法，从原则
上而言是基督教特有的做法。如果希腊和犹太世
界在自己既有的信仰体系里并不把这种做法视为

---

① 参见 A Vergote, « La mort rédemptrice du Christ à la
lumière de l'anthropologie », in *Mort pour nos péchés*,
Publ. des Facultés Universitaires Saint-Louis, Bruxelles,
1979, p. 68。

丑恶的行为，那么它就代表了曾经为其所忽视的新鲜事物。

然而，我们不应忘记，整个基督教苦行、殉道和献祭的传统都在颂扬这一祭献行为中自我牺牲的一面，与此同时，它也把忧伤以及身体和道德上的苦痛最大限度地爱欲化。这个传统会不会是中世纪一个简单的偏离，而这种偏离正好泄露了福音书的"真正内涵"？在福音布道者看来，这或许是对耶稣本人所表达的焦虑的一种无视。这种焦虑不断地被呈现，与之共同出现在福音书里的还有对自我牺牲式的父亲的祭献的献身保证。那么，我们该如何理解这种焦虑呢？

断裂与认同

基督与天父、与生命之间关联的中断，哪怕只是暂时的中断，都会在主体的神话表征（représentation mythique）中引入一种根本的、从心理层面而言极为必要的不连续性。有人称这种中断为"断裂"（hiatus）[1]，

---

[1] 参见 Urs von Balthasar, *La Gloire et la Croix*, t. III, 2, La Nouvelle Alliance, Aubier, Paris, 1975。

它为建构个体心理生活的许多分离提供了一个形象、一种叙述。它同时也为某些心理灾难提供了形象和叙述，这些心理灾难或多或少威胁到了个体假定的平衡。因此，精神分析认为，这一系列的分离[黑格尔称之为"否定工作"(travail du négatif)]——出生、断奶、别离、挫败、阉割——是主体走向自主的必要条件。上述行为，无论它们是真实的、想象或象征的，必然会塑造我们的个体化过程。如果它们未能完成或者被排除，会导致心理混乱；相反，这些行为的夸大则会引发过度的、毁灭性的焦虑。通过在基督这一绝对主体身上上演这种断裂，通过呈现受难的基督（这种受难的状态与他的重生、他的荣耀和永恒既对立又统一），基督教将每个主体发展过程中最基本的内在剧本带到了意识层面。由此，基督教赋予了自己巨大的净化力量(pouvoir cathartique)。

除了将这种戏剧性的历时性用图像的形式呈现，基督之死还为忧郁者身上无法表述的、灾难般的焦虑提供了想象的支持。我们知道，所谓的"抑郁"阶段对于孩子进入象征秩序、进入语言符号秩序有多重要。分离的忧伤是对一切缺席之物进行表征的条件。当抑郁不被其对立面，即激奋所掩盖时，它就会返回并与我们的象征活动相伴。意义的悬置、无望的夜晚、未卜的前途和消退的生命便在脑海里唤醒了关于创伤性分离的记忆，使我们陷入被抛弃的状态。"父亲，为何你将我抛弃？"此外，严重的抑郁症或者阵发性临床忧郁症对于人而言是真正的地狱，对于现代人而言或许更是如此，因为现代人坚信自己必须，而且能够实现自己对客体和价值的所有欲望。基督无依无靠的形象是对这种地狱的一种想象的建构。对于主体而言，它呼应了那些丧失了意义、丧失了生命意义的无法承受的时刻。

基督"为我们所有人"而死的假设经常出现在《圣经》文本之中①。文中所使用的表达——hyper、peri、anti——不仅仅表示"因为我们"，还意味着"为了我们的利益""代替我们"②。它们可以追溯到耶和华的仆人之歌（《圣经·以赛亚书》中的第四首

---

① 参见《罗马书》5:8:"基督却在我们还作罪人的时候为我们死！"也可以参见《罗马书》8:32;《以弗所书》5:2;《马可福音》10:45:"上帝之子来牺牲性命，作许多人救赎的代价。"还可以参见《马太福音》20:28;《马太福音》26:28;《马可福音》14:24;《路加福音》12:19;《彼得前书》2:21—24。

② 参见 X.-Léon Dufour, *op. cit.*。

歌），也可以追溯到更早的希伯来语中"gâ'al"的概念："通过赎回已为他人所有的物和人来将其拯救。"因此，救赎（rédemption，赎回、拯救）意味着拯救者及其信徒之间的一种替换，这种替换可以有多种不同的阐释。其中有一种阐释与精神分析的字面解释相吻合：它关乎想象的认同。认同并不意味着把罪恶委托或者推卸给救世主。相反，它邀请主体全然参与到基督的苦痛、参与到他所经受的断裂以及关于他得救的希望之中。诚然，从严格的神学角度而言，这样的认同带有过多人类学和心理学的色彩。然而，通过认同，人被赋予了强大的象征机制，他甚至能在自己的身体之中体验死亡与复活，而这要归功于他与绝对主体（Sujet absolu，即上帝）的想象性统一——及其真实效果——的强大力量。

由此，一种入教仪式在基督教的核心位置被建构，它借用了以前的或者不为人所熟知的入教仪式的深层心理内涵，并为其赋予了新的意义。同样地，这里的死亡——旧身体死亡从而让位于新身体，自身死亡从而让位于荣耀，老人死亡从而让位于灵体（corps pneumatique）——是体验的核心。但是，如果说基督教的入教仪式确实存在，它首先是完全属于想象层面的。尽管开启了所有（真实的或想象的)认同的可能,但是,除了关于圣餐礼的言语和符号之外,它并没有包含任何仪式上的考验。从这个角度而言,苦行主义和痛苦有益论的激烈或现实表现其实都是一种极端。此外,特别要强调的是,爱、和解与宽恕中未言明的部分彻底改变了入教的影响,对于信徒而言,它为入教赋予了一种荣耀、一种不可动摇的希望。基督教信仰于是变成了应对断裂和抑郁的解药,这种解药与断裂和抑郁同在,同时又以它们为出发点。

这是否就是超我的意志主义?它维持了父亲自我牺牲的形象。又或者,这是对来自原初认同天堂的古老父亲形象的一种纪念?内在于救赎的宽恕将死亡和复活进行凝缩,并以三位一体逻辑中最有趣、最富创新意味的形式自我呈现。这一结节的核心似乎正是原初认同:父与子之间的无私奉献,这是一种口头的奉献,同时也是象征层面的奉献。

出于个体原因,又或者由于社会父权这一政治或形而上的权威的历史镇压,以理想化为基础的原初认同可能会陷入困境:其虚假和错误的意思可能会被剥夺。只有十字架所代表的这一机制更深层的意义会继续存在,即中断、停滞和抑郁的意义。

荷尔拜因描绘的是这样的基督教:一般情况

下，基督教通过认同让人得到满足的彼世而具有抵抗抑郁的作用，而他笔下的基督教则被剥离了这样的功用。他将我们带往信仰的终极边界，带往无意义的边界。唯有形式——艺术——为宽恕的隐没重新赋予了一种从容，而爱与拯救则隐蔽于作品的出色表现之中。救赎或许仅仅体现在一种精确技术的严谨之中。

"分裂"的表征

黑格尔曾指出基督教里死亡的双重性：一方面是躯体的自然死亡，而另一方面则涉及"最伟大的爱"，"为他人而彻底放弃自己"。他在其中看到了一种"对坟墓，即冥界（sheol）的胜利"，一种"死亡之死亡"，并坚持这一逻辑所特有的辩证法："这种仅适用于圣灵的消极活动是它的内在转变、它的变化……最终将导向荣耀，导向欢庆——人类被接纳到神旨（Idée divine）之中。"① 黑格尔同时也强调了

---

① 参见 Hegel, *Leçons sur la philosophie de la religion*, Ⅲᵉ partie, Vrin, Paris, 1964, pp. 153–157。

这种活动对表征所产生的影响。死亡被呈现为自然事件，并且只有在认同与其相异的神旨的条件下才能实现，由此，我们见证了"绝对极端的惊人结合"，见证了"神旨最后的异化……'上帝死了，死的正是上帝本人'，这是一种惊人的、可怕的描述，它为表征带来了关于分裂的最深深渊"。①

　　将表征引入这一分裂（自然死亡和神之爱）的核心无异于一场赌博，如果不倾向于其中一方，我们便不敢接受这样的赌局：多明我会影响下的哥特艺术促进了对自然死亡的动人哀婉的表现；方济各会影响下的意大利艺术则着重在身体的性爱之美与和谐的构图之中呈现彼世的荣耀，它在崇高的荣耀之中变得清晰可见。荷尔拜因的《墓中基督》是少有的一件，或者说是唯一一件正位于黑格尔所论述的这种表征的分裂之处的作品。在画中，我们看不到极度痛苦的哥特式爱欲，也看不到关于彼世的承诺、对自然的重生的颂扬。画面上只有僵硬的线条，就像画家所描绘的尸体，画面的呈现方式极为

---

① 参见 Hegel, *Leçons sur la philosophie de la religion*, IIIe partie, Vrin, Paris, 1964, p. 152. 字体强调为本书作者所加。

简洁,观众同艺术家一道在独自沉思中感受极为克制的痛苦。与这种平静、看破一切、处于无意义边缘的忧伤相对应的是一种朴素、去除了一切烦琐表现方式的绘画艺术。没有任何颜色或构图方面的过多心思,却体现了艺术家对和谐与分寸的良好掌控。

当身体与意义和我们之间的关联被打破,我们能否继续作画?当作为关联的欲望崩塌,我们能否继续作画?当我们不是认同欲望,而是认同分裂,我们能否继续作画?分裂是人类心理生活的真相,死亡为想象而呈现分裂,忧郁作为一种症状所传达的也正是分裂。荷尔拜因的答案是:能。在极简主义和矫饰主义之间,他的极简主义是分裂的隐喻:介于生与死、意义与无意义之间,它是对忧郁隐秘而微妙的回应。

在黑格尔和弗洛伊德之前,帕斯卡尔已经指出了坟墓在这个层面上的不可见性。对于他而言,坟墓是基督的隐秘之所。所有人都看着十字架上的他,但是,在坟墓里他得以逃脱敌人的眼睛,只有圣徒能够见到坟墓里的他,陪他度过临终时刻,临终对于基督而言也是休息。"耶稣基督的坟墓——耶稣基督死了,人们看到的是十字架上的他。他死了，隐藏在坟墓里。

> 埋葬耶稣基督的只有圣徒。
>
> 耶稣基督在坟墓里没有留下任何圣迹。
>
> 只有进入其中的圣徒。
>
> 正是在这里耶稣获得了新生，而非在十字架上。
>
> 这是关于受难和救赎的最后秘密。
>
> 这世上，除了坟墓之外，别无可供耶稣基督安息之处。
>
> 直至他进了坟墓，他的敌人才停止折磨他。"①

因此，见证耶稣的死亡是为他赋予意义、让他重生的方式。但是，在巴塞尔的坟墓里，荷尔拜因的基督独自一人。谁能看见他？并没有圣徒在场。当然，画家在。以及我们。为了沉入死亡，又或者，也许是为了看见死亡极简而可怖的美，内在于生命之中的极限。"耶稣基督处于烦恼之中……耶稣行将

---

① 参见 Pascal，*Pensées*，« Jésus-Christ »，735。

死去,他正处于最深的痛苦之中,让我们久久地祈祷吧。"①

绘画取代了祈祷?或许,在其出现的关键之处,对画作的凝视代替了祈祷:在无意义被赋予意义的地方,死亡变得清晰可见,变得可以承受。

正如帕斯卡尔不可见的坟墓,在弗洛伊德的潜意识里,死亡是无法表征的。但是,正如我们说过的,它通过间隔、空白、中断或者对表征的破坏来留下印记②。于是,与自我的想象能力相反,死亡便这样通过符号的孤立,或者通过符号的庸常化直至消失的方式来呈现:这就是荷尔拜因的极简主义。但是,面对自我的爱欲生命力,面对体现厄洛斯的兴奋或病态符号的充斥,死亡表现出的是一种有距离的现实主义,又或者更确切地说是一种辛辣的讽刺。这便是《死神之舞》,以及画家风格中天然存在的看穿一切的挥霍(dissipation)。自我宣告死亡挥之不去的存在,将其爱欲化,并为自己的想象赋予孤立、空洞或者荒诞笑容的色彩,正是这样的想象保证才使自我得以存活,换言之,使他能够被固定

---

①　参见 Pascal, *Pensées*, « Le mystère de Jésus », 736。

②　参见本书第一章第 39 页及随后的数页。

在形式的游戏之中。相反，形象和身份——对得意扬扬的自我的模仿——则带有一种无法触及的忧愁。

让我们带着这种关于不可见的视角，再一次审视荷尔拜因所创造的人类：这些现代英雄，他们保持着严肃、审慎而率直的姿态。同为秘密的还有：他们很逼真，却难以捉摸。没有任何动作能够体现出享乐，没有任何走向彼世的激昂，唯有存活于现世所面对的朴素的困难。他们仅仅是直面空虚，而这空虚使他们变得莫名孤单。确定。而靠近。

小荷尔拜因，《墓中基督》，瑞士巴塞尔美术馆。Photo © Giraudon.

克洛德·洛兰，《阿西斯与伽拉忒亚》，德累斯顿历代大师画廊。Photo © collection Viollet.

第六章　奈瓦尔，"El Desdichado"

El Desdichado[①]

1　我是个阴郁者，鳏夫，不得慰藉的人，

2　毁弃塔堡中的阿基坦亲王；

3　我唯一的星辰死去了，我布满繁星的诗琴

4　带来忧郁的黑色太阳。

5　在坟墓的夜晚，你给我以安慰，

6　还给我吧，那波西利堡和意大利海，

---

① 本诗借用了余中先的译文（收录于奈瓦尔：《火的女儿：奈瓦尔作品精选》，余中先译，漓江出版社，2000 年），仅个别细节稍做修改。诗歌标题为西班牙语人名，作者将在随后的正文里对其进行解释。——译者注

7　　那给我沉郁之心几多欢愉的花朵,

8　　和那葡萄蔓交织相缠的青藤。

9　　我是爱神,还是福玻斯,吕济尼昂,还是比隆?

10　　我的额头上还留有女王亲吻留下的红印;

11　　我沉睡于美人鱼着上绿色新装的岩洞,

12　　我曾两次活着渡过阿歇隆:

13　　在俄耳甫斯的里拉琴上抑扬地变调

14　　演奏并咏唱出圣女的哀叹与仙女的呼叫。

[此文本为 1853 年 12 月 10 日发表于《火枪手》
(*Le Mousquetaire*)的版本]

El Desdichado

1 我是个阴郁者，——鳏夫，——不得慰藉的人，

2 毁弃塔堡中的阿基坦亲王；

3 我唯一的星辰死去了，——我布满繁星的诗琴

4 带来忧郁的黑色太阳。

5 在坟墓的夜晚，你给我以安慰，

6 还给我吧，那波西利堡和意大利海，

7 那给我沉郁之心几多欢愉的花朵，

8 和那葡萄蔓与玫瑰交织相缠的青藤。

9 我是爱神，还是福玻斯？……是吕济尼昂，

还是比隆？

10　我的额头上还留有女王亲吻留下的红印；

11　我沉梦于美人鱼游戏其中的岩洞……

12　我曾两次胜利地渡过阿歇隆：

13　在俄耳甫斯的里拉琴上抑扬地变调

14　交替演奏出圣女的哀叹与仙女的呼叫。

［此文本为 1854 年发表于《火的女儿》(*Filles du feu*) 的版本］

"我独自一人,我是鳏夫,夜晚降临于我。"

——维克多·雨果,《波阿斯》

"……忧郁成为他的缪斯。"

——热拉尔·德·奈瓦尔,《致大仲马》

1853 年 11 月 14 日,奈瓦尔在给大仲马的一封信中附上了用红色墨水写就的"El Desdichado"和《阿耳忒弥斯》("Artémis")两首诗。"El Desdichado"首版于 1853 年 12 月 10 日,发表在《火枪手》上,大仲马撰文对其进行介绍。这首诗的第二个版本于 1854 年发表在《火的女儿》之中。诗歌的手稿在保尔·艾吕雅(Paul Eluard)手上,标题则是《命运》("Le destin"),诗文内容与《火的女儿》收录的版本几乎无异。

　　1853 年 5 月疯病发作之后,热拉尔·德·奈瓦尔(1808—1855)回到他的家乡瓦卢瓦地区(Valois)[沙利斯(Chaalis)、桑利斯(Senlis)、卢瓦西(Loisy)、莫尔泰丰坦(Mortefontaine)],在怀旧中寻找避难

所和内心的平静①。这位不知疲倦的流浪者不停地
在法国南部、德国、奥地利和东方之间游荡，他不
断地被过去所困扰，将自己封闭在过去。8 月，疯
癫症状再次出现：他自认为是受到威胁的考古学
家，正在参观植物园的骨学展厅；他淋着大雨，认
为自己正在见证洪水。坟墓、骨骼、死亡的涌入，
这些无疑都在不断地困扰着他。在这样的背景之
下，"El Desdichado"便成了他的诺亚方舟。它虽然
是暂时的，却为诗人提供了一种流动、神秘、咒语般
的身份。俄耳甫斯又一次战胜了黑太子（Prince
Noir）。

标题 El Desdichado 已经提示了紧随其后的文
本的陌生性。它的西班牙语发音尖锐而又响亮，超
越了词语本身悲伤的含义，与法语密集而内敛的发
音形成了鲜明的对比。它似乎已经在黑暗深处宣
告了某种胜利。

El Desdichado 是谁？ 一方面，奈瓦尔从沃尔
特·司各特（Walter Scott）的《艾凡赫》（Ivanhoë）

---

① 参见 Jeanne Moulin，« Les Chimères »，*Exégèses*，Droz，
Paris。1854 年夏天，在自杀前几个月，奈瓦尔可能去了德
国的格洛（Glogau），给他的母亲上坟，随后他的病情再次
恶化。

（第八章）中借用了这个名字：它指称的是约翰亲王的一位骑士，他被约翰亲王剥夺了"狮心王"理查遗留给他的城堡。这个被剥夺了继承权的不幸骑士于是选择了用一棵被连根拔起的橡树来装饰他的盾牌，并刻上格言 El Desdichado 。另外，也有人指出这一称呼的"法国源头"：堂·布莱兹·德斯迪查多（don Blaz Desdichado），勒萨日（Lesage）小说《瘸腿魔鬼》（*Diable boiteux*）中的人物。因为没有生子，在妻子死后，他不得不将自己的部分财产归还给妻子的父母[①]。的确，对于多数法国读者而言，El Desdichado 这个西班牙语词意为"被剥夺了继承权的"。但是，就严格的词汇学意义而言，这个词更确切的意思应该是"不幸的""可怜的""悲惨的"。奈瓦尔似乎选取的是"被剥夺了继承权的"这一含义，这也是大仲马在翻译《艾凡赫》时所采取的译法。在另一首诗中，奈瓦尔也用"被剥夺了继承权的人"这一说法来自我指代（"于是，我，曾经出色的演员，被忽视的王子，神秘的情人，被剥夺了继承权的人，

---

① 参见 Kier, cité par Jacques Dhaenens, *Le destin d'Orphée*, « El Desdichado », *de Gérard de Nerval*, Minard, Paris, 1972。

被逐出欢愉的人，美丽的阴郁者……"①）。

丧失的"物"或"客体"

被剥夺了什么的继承权？最初的丧失从一开始便已被指出：丧失的不是能够作为物质遗产来转让的某样"财产"（bien）或某个"物件"（objet），而是某个无法指称的领地。奇怪的是，我们却可以从异国、从某个合法的流放地对其进行展现或援引。这样"东西"（quelque chose）或许先于可辨识的"对象"（objet）：我们的爱与欲望秘密而触不可及的境域，它将早期母亲的可靠稳定视为想象，而这样的可靠稳定却是任何图像都无法囊括的。不断地寻找情人，以及宗教里众多的女神形象，或者东方（尤其是埃及）宗教里许许多多母亲式的女神，表明了这一"物"（Chose）难以把握的特质，"主体"必须丧失这个"物"，与"客体"（objet）相分离才能成为言说的存在。

---

① 参见 « A Alexandre Dumas »，in *Œuvres complètes*，t. Ⅰ，La Pléiade，Gallimard，Paris，1952，pp. 175 - 176。

　　如果忧郁者对这个物不断施加一种爱恨交织的影响，那么诗人便找到了一种谜一般的方式，使得他既处于依赖状态，同时又……身处别处。他丧失了继承权，被剥夺了这个失乐园，成为不幸之人；但是，书写是一种奇特的方式，通过书写，诗人战胜了厄运，他塑造了一个能够同时掌控剥夺的两个面相的"我"：不得慰藉之人的黑暗和"女王的亲吻"。

　　"我"于是出现在技巧的地盘之上：只有在游戏、戏剧之中才有"我"的位置，他幻化成各种可能的身份，或荒诞不经，或享有盛名，可能取自神话，也可能来自英雄史诗或历史故事，既难懂又让人觉得不可思议。得意扬扬，却又充满不确定性。

　　这个"我"出现在诗歌的第一行之中（"我是个阴郁者，——鳏夫，——不得慰藉的人"），他以一种确定却又被幻觉般的无知照亮的知识，指定了作诗这一行为的必要条件。发言、自我安放、在合法的虚构这一象征行为中确立自我，这实际上正是在失去物。

　　由此，困境在于：这个丧失的物留下的印记能否将说话者带走，又或者，说话者能否将这些印记带走——将它们纳入他的话语之中，而他的话语因为有了这个物而成为一种歌唱。换言之，究竟是酒

神的女祭司吞噬了俄耳甫斯，还是俄耳甫斯以一种
象征的吞噬的方式将酒神的女祭司带入他的咒语
之中？

我一无所有

摇摆状态是永恒的。这种对在场和确定性的
不可思议的肯定，不禁使人想起雨果对波阿斯的描
述，孤独并没有给这位长老带来困扰，却给了他安
抚（"我独自一人，我是鳏夫，夜晚降临于我"）。在
此，我们又一次面对不幸。用来修饰这个得意扬扬
的"我"的是一些否定的表语：没有光，没有妻子，没
有安慰，他一无所有。他是"阴郁者""鳏夫""不得
慰藉的人"。

奈瓦尔对炼金术和秘传学说的兴趣使勒·布
勒东（Le Breton）的阐释显得十分真实可信：他认为
"El Desdichado"的前几句正好与塔罗牌的顺序（第
15、16、17 号牌）相吻合。阴郁者可能就是地狱里的
恶魔（塔罗牌的第 15 号牌是恶魔），他也很可能是
炼金术士普鲁托（Pluton）。普鲁托的畸形长相吓走
了女神（因而是个鳏夫），至死依然单身。与他相关

的形象是钵盆底部的土，这也是所有炼金操作的
起源①。

---

① 有学者指出了"El Desdichado"前三句和库尔·德·热伯
兰(Court de Gebelin)的《原始世界——与现代世界的比较
分析》(*Monde primitif, analysé et comparé avec le
monde moderne*，1781)第八卷之间十分精确而惊人的关
联。这位学者还指出，《幻象集》中有 5 首诗作["El Des-
dichado"、《米尔多》("Myrtho")、《何露斯》("Horus")、《安
特罗斯》("Antéros")、《阿耳忒弥斯》]的创作灵感来自圣
莫尔会的本笃会修士堂·安托万-约瑟夫·佩内蒂(Dom
Antoine-Joseph Pernety)的《埃及与希腊寓言》(*Les Fables
égyptiennes et grecques*，1758)。奈瓦尔应该也读了堂·
佩内蒂的《神话与炼金术词典》(*Dictionnaire mytho-
hermétique*)。研究者指出，奈瓦尔的诗与佩内蒂作品的下
列段落之间存在关联："作品真正的关键在于其运作之初
的这种黑色……黑色是完美溶解的真正标志。于是，物质
分解成比阳光下飞舞的原子更小的粉末，而它的原子永远
地变成了水。

"哲学家将这种溶解称为死亡……地狱、塔耳塔罗斯、
阴郁、暗夜……坟墓……忧郁……消逝的太阳或者日食和
月食……他们最终用所有能表达或代表腐化、溶解和黑色
的名词来指称这种溶解。正是它为哲学家们提供了诸多
关于已故之人和坟墓寓言的素材……"[《埃及与希腊寓
言》，t. I，pp. 154 - 155，字体强调为本书作者所加。]佩内
蒂将黑色这一主题与雷蒙·卢尔(Raymond Lulle)的下述
言论联系起来："让太阳腐化 13 天，13 天之后会得到一种
墨水般的黑色溶液；但是它的内部如红宝石一般。请取走

　　然而，这些构成奈瓦尔思想的参考元素被嵌入他的诗歌之中：它们脱离了原有的根基，相互叠加，从而获取了多重意味，内涵也往往变得无法确认。处于诗歌这一新的象征秩序内部的符号体系的多元性叠加于秘传学说内部象征的固定性之上，为奈瓦尔的语言赋予了双重优势：一方面，它既提供了一种稳定的意义，同时也提供了一个秘密的团体，在这个团体里，不得慰藉之人被倾听、被接受，他由

这个被他的姐姐或母亲的怀抱所遮蔽的黑色太阳，将它放入蒸馏釜之中。"（《埃及与希腊寓言》，t. Ⅱ，p. 136。）他给忧郁下的定义是："忧郁是物质的腐化……人们将这个名词赋予黑色的物质，或许是因为黑色带着忧伤的味道，另外，抑郁质这种人体气质被视为一种反复烧煮的黑色胆汁，它会产生一些忧伤、凄凉的蒸汽。"（《神话与炼金术词典》，第 289 页）"悲伤和忧郁（……）也是炼金术士对变成黑色的物质的称呼。"（《埃及与希腊寓言》，t. Ⅱ，p. 300。）

　　关于奈瓦尔的诗歌与炼金术文本之间的关联，参见 Georges Le Breton, « La clé des *Chimères* : l'alchimie », in *Fontaine*, n° 44, 1945, pp. 441 – 460。或参见同一作者的 « L'alchimie dans *Aurélia* : "Les Mémorables" », *ibid.*, n° 45, pp. 687 – 706。也有许多作品探讨了奈瓦尔与秘传学说的关系，如 Jean Richer, *Expérience et Création*, Paris, Hachette, 1963 和 François Constant, « Le soleil noir et l'étoile ressuscitée », *La Tour Saint-Jacques*, n°s 13 – 14, janvier-avril 1958 等。

此而得到安慰；另一方面，它挣脱了这个单一的意义以及这个团体，通过命名的不确定性，尽可能地接近奈瓦尔独特的悲伤对象。忧郁主体沉溺于丧失的客体之中，诗歌语言伴随着忧郁主体的隐退，在探讨意义的隐退之前，让我们先来看看奈瓦尔的文本中从逻辑层面可以辨识的一些策略。

颠倒与重影

"阴郁的"这一表语与塔罗牌所提及的暗夜之王以及失去了光辉的黑夜相呼应，它同时提示了忧郁者与黑暗和绝望的共谋关系。

"黑色太阳"（第四句）也属于"阴郁"这一词汇场，但它表达的却完全是另一种意思：阴影迸发，成为一道太阳般的光亮，而这光亮又因着不可见的黑色而变得炫目。

"鳏夫"是第一个提示哀悼的符号：阴郁的情绪是失去妻子的结果吗？在艾吕雅收藏的手稿里，此处有这样一个标注："原来：摩索拉斯？"（olim：Mausole?）这个标注代替了已经被擦去的笔迹："君王/已故"（Le Prince/mort/）或者"诗歌"（le poème）。

摩索拉斯是公元前 4 世纪希腊的一位国王，他娶了自己的妹妹阿耳忒弥斯（Artémise），并先于妹妹去世。如果这位鳏夫是摩索拉斯，那么他就犯下了乱伦之罪：娶了妹妹或者母亲……即娶了熟悉的、家里的爱欲之物（Chose érotique）。这个人物的真实身份因为奈瓦尔的一些用法而变得更加模糊：摩索拉斯先于其妻而死，留下了寡妇，即他的妹妹阿耳忒弥斯。在十四行诗《阿耳忒弥斯》中，奈瓦尔将阿耳忒弥斯的名字由阴性的 Artémise 变成了阳性的 Artémis，他或许将这两位主人公视为彼此的重影（double）：他们可以彼此互换，也正因此，他们的性别变得无法确定，几乎是雌雄同体。这里我们所触及的是奈瓦尔诗歌中极度凝缩的部分：寡妇阿耳忒弥斯与他的重影（哥哥＋丈夫）成为一体，她即他，因而是"鳏夫"。这样的合而为一、给另一个人"加密"、将他的墓穴安置于自身，或许正是诗歌的等同物。（有些人认为手稿上被画去的词是"诗歌"。）文本即陵墓？

　　诗人选用"不得慰藉的"（inconsolé）一词，而非"无法安慰的"（inconsolable），恰恰显示了一种充满矛盾的时间性：这位发言者在过去没有得到安慰，而这种挫败的影响一直持续至今。如果说"无法安慰的"将我们置于现在，"不得慰藉的"则将当下驱赶回创伤发生的过去。当下是无法修复的，没有任何得到慰藉的希望。

想象的记忆

"阿基坦亲王"可能是阿基坦的梅弗尔（Maifre d'Aquitaine），他因为被矮子丕平（Pépin le Bref）追捕而躲到佩里戈尔（Périgord）的森林里。传说的奈瓦尔家谱曾由阿里斯蒂德·玛丽（Aristide Marie）部分发表，随后又由让·里歇尔（Jean Richer）全文发表[①]。根据这一家谱，奈瓦尔是奥顿骑士（chevaliers d'Othon）中富有声望的拉布吕尼家族（famille Labrunie）的后裔：正如阿基坦亲王，这个家族的一个分支可能就来自佩里戈尔。他还指出，Broun 或者 Brunn 意为塔堡和干燥室。拉布吕尼家族拥有三座位于多尔多涅（Dordogne）河畔的城堡，家族纹章上有三座银色塔楼，以及一些星星和代表东方的月

---

① 参见 Jean Richer, *Expérience et Création*, *op. cit.*, pp. 33 – 38。

牙。上文提过，诗歌里同样出现了"星辰"和"布满繁星的诗琴"。

除了阿基坦——水之乡——的多元象征内涵之外，我们还注意到奈瓦尔给乔治·桑（参见里歇尔）信件里的一个注解：阿基坦的加斯东·福玻斯（GASTON PHŒBUS D'AQUITAINE），其秘传学上的意义可能是太阳神信徒。雅克·达恩斯（Jacques Dhaenens）[1]则指出，阿基坦是行吟诗人之乡，由此，这位鳏夫通过追念黑太子而开始了他的变身，经由吟唱艳情诗歌（chant courtois），他化身为俄耳甫斯……这里我们读到的依然是悲伤："毁弃的"确认了诗歌开始便呈现出来的毁坏、丧失和缺失的内涵。正如艾米莉·努勒（Émile Noulet）[2]所言，"毁弃塔堡中的"（à la tour abolie）恰似"一个孤独的精神群体"，为阿基坦亲王提供了一个复杂的修饰语。在此，词与词融合，而音节之间的关联则变得松散："à-la-tour-a-bo-lie"，听起来像是将家族名"拉布吕尼"（Labrunie）的音节打乱了重新进行组

---

①　参见 *Le destin d'Orphée*, *op. cit.*。

②　参见 Émilie Noulet, *Études littéraires*, *l'hermétisme de la poésie française moderne*, Mexico, 1944。

合的结果。"毁弃的"（abolie）一词曾三次出现在奈瓦尔的作品之中，艾米莉·努勒还注意到，这个罕见的词在马拉美的诗歌中至少出现了六次。

El Desdichado 这位被剥夺了继承权的亲王，这位以被摧毁的过往为荣的臣民属于一段历史，一段业已没落的历史。他的过去没有未来，这并非一段历史的过往：它不过是一种记忆，这种记忆属于当下，因为它没有未来。

诗歌的下一句则又回到个人创伤："毁弃塔堡"，这座从此缺失的建筑曾经是一颗"星辰"，如今这颗星死了。星辰是缪斯的形象，也是一个高高在上的宇宙的形象，这个宇宙高于中世纪的塔堡，或者说高于已经被打碎的命运。与雅克·热尼纳斯卡（Jacques Geninasca）①一样，我们记住了诗歌第一节中那个崇高、高雅、布满星辰的空间，诗人怀抱着同样布满繁星的诗琴身处其中，仿佛他就是阿波罗这位天神和艺术家的反面。"星辰"很可能也是我们所谓的"明星"（star）——珍妮·科隆（Jenny Colon）。她于1842年去世，由此引发了奈瓦尔数次疯

---

① 参见 Jacques Geninasca，« El Desdichado »，in *Archives nervaliennes*，n° 59，Paris，pp. 9 - 53。

病发作。这"布满繁星的诗琴"从何而来呢？认同这颗"死去的星辰"，并将她融入自己的歌唱之中，这是对俄耳甫斯被酒神的女祭司吞噬的一种回应。诗歌艺术是关于身后和谐的记忆，同时也是通过一种毕达哥拉斯式的共鸣所呈现的关于宇宙和谐的隐喻。

在可见与不可见的边界

这颗"死去的星辰"进入了诗琴，从而有了"忧郁的黑色太阳"。除了上文提及的炼金术的含义，"黑色太阳"的隐喻很好地展现了悲伤情绪的强大力量：一种沉重而清晰可见的情感带来了死亡的不可抗拒——所爱之人的死亡，而诗人自己则又认同他所失去的爱人（诗人因为"星辰"的死去而成为鳏夫）。

这种灌溉了阿波罗的宇宙的无孔不入的情感尝试着寻找其表现方式。在此，阿波罗是隐藏的，或者说是不为人所知的。"带来"这一动词指明了黑暗的诞生，指明黑暗降临于符号之中，而"忧郁"这一深奥的词语则体现了意识控制的努力，同时也表达了精确的含义。奈瓦尔曾在给大仲马的信件以及《奥蕾莉娅》（*Aurélia*）中（"一个体型巨大的人——男人还是女人,我不知道——在空中艰难地飞舞……他面色鲜红,翅膀闪耀着千变万化的光芒。他身着带有古老皱褶的长袍,像极了阿尔布雷希特·丢勒笔下的忧郁天使"[1]谈及忧郁,它属于天际,它将黑暗变成了朱红,变成了太阳。诚然,这太阳仍然是黑色的,但它依旧是炫目光亮的源头之所在。奈瓦尔的内省似乎在告诉我们,为忧郁命名使之处于某种重要经验的边缘:介于出现和消失之间、取消和歌唱之间、无意义和符号之间。我们可以将奈瓦尔对炼金术中物质形态变化的参照理解为一种隐喻,这个隐喻指涉的是与痛苦的说示不能相对抗(诗琴[2])的、处于边界的心理体验,而非理解成一种关于物理或者化学现实的类科学描述。

你是谁?

诗歌的第二节将读者从布满繁星的天空带到"坟墓的夜晚"。这个地下的、夜晚的世界再次呈现

---

[1] In O. C., La Pléiade, Gallimard, 1952, p. 366.

[2] 法语中"对抗"(lutte)与"诗琴"(luth)为同音异义词。——译者注

了阴郁者的灰暗心情，但是，随着诗句的推进，它慢慢地变成了一个带着安慰、带着光亮和生机的世界。高傲的"我"，那个缺乏生机的宇宙空间（第一节里的"星辰""太阳"）的王子，在第二节里遇到了他的伙伴：首次出现的"你"，于是有了安慰，有了光亮，于是植物开始出现。天幕上的"星辰"由此变成了一个对话者：你存在于其中。

我们需要再次强调奈瓦尔世界里持续存在的倒置和模棱两可：它们使想象变得更加不稳定，同时也解释了客体以及忧郁状态的模棱两可。

这里的"你"是谁？研究者都在尝试回答这个问题，而答案有多种可能：奥蕾莉娅、圣女、阿耳忒弥斯、珍妮·科隆、已故的母亲……这些人物，或真实或虚构，我们无法确定究竟是谁，这种不确定又一次逃向了早期的"物"（"Chose" archaïque）的位置——对于任何言说的存在而言，它都是某次特定哀悼的难以把握的前对象（pré-objet）；对于抑郁者而言，它则是自杀的诱惑。

然而——这一点毫不含糊——这个诗人只有在"坟墓的夜晚"才能见到的"你"，只有在这里才能成为给他带来安慰的人。在她的坟墓里见到她，与她死去的躯体融为一体，又或者通过自杀才能真正见到她，经由这些方式，"我"得到了慰藉。通过某些自杀者的心态，我们可以理解上述行为的矛盾之处（只有自杀能够使我与失去的客体相结合，只有自杀能够使我平静）：他们一旦下定决心走出这致命的一步，便会感到平静、安静和某种形式的幸福。一种自恋式的完整似乎在想象中被建构，它消除了丧失带来的灾难性焦虑，并终于使原本沮丧的主体得到满足：他不再忧伤，他因为在死亡之中与自己珍爱的客体相结合而得到安慰。由此，死亡变成了重返失乐园的一种幻想的经验——我们在"你给我以安慰"这句话中看到了过往。

于是，坟墓变得明亮：在此，诗人重新回到了那不勒斯灿烂的港湾，它名叫波西利堡（希腊语是pausilypon，意为"停止忧伤"），回到了一个海浪涌动的、母性的空间（"意大利海"）。这个流动的、灿烂的意大利世界有多重含义，它与诗歌第一节阿波罗的、中世纪的、星辰之间的矿物世界形成对照。值得一提的是，因为对珍妮·科隆的爱，奈瓦尔曾在波西利堡试图自杀[1]。此外，霍夫曼笔下"奥蕾丽

---

[1] 参见 « Lettres à Jenny Collon », in *O. C.*, t. Ⅰ, *op. cit.*, p. 726 sq.。

(Aurélie)和圣罗莎莉(sainte Rosalie)画像"之间的关系也得到了奈瓦尔的确认。1834 年 10 月，在那不勒斯逗留期间，奈瓦尔细细欣赏了一位不知名的情妇家中所摆放的圣罗莎莉塑像[①]。

花朵，圣女：母亲？

圣处女罗莎莉这一形象把基督教女性纯洁的象征意义与上文所论述的诗文里的秘传学内涵联系了起来。这一思路似乎因奈瓦尔所做的一个标记而得到确认。在艾吕雅持有的手稿上，第 8 行——"和那葡萄蔓与玫瑰交织相缠的青藤"（罗莎莉)[②]——处有"梵蒂冈花园"的字样。

这位圣女的名字与花朵相关，这一点在诗歌第 7 行有所提示："那给我沉郁之心几多欢愉的花朵。"因着诗人与已故之人合而为一，上一节中死去的星

[①] 参见 Jean Guillaume，*Aurélia*，*prolégomène à une édition critique*，Presses Universitaires de Namur，1972。

[②] 第 8 行法语原文为 où le pampre à la rose s'allie。该诗句的最后两个词（rose s'allie）与罗莎莉（Rosalie）的发音十分相近。——译者注

辰(第3行)在此复活,成为花朵。二者的融合体现在"青藤"这一隐喻之中:攀缘的枝蔓,枝与叶相互贯穿,葡萄蔓与玫瑰"交织相缠"。这里又提示了巴克斯(Bacchus)或狄奥尼索斯(Dionysos),这位代表慈爱的葡萄酒之神和第一节里以黑色为基调、与星辰相关联的阿波罗形成对照。值得一提的是,一些现代评论者认为,狄奥尼索斯并非一个纯粹代表阳性力量的神,在他的身体及其舞蹈的沉醉之中带有一种复杂性,甚至一种隐秘的对女性气质的认同①。

酒神的"葡萄蔓"与神秘的"玫瑰",狄奥尼索斯和维纳斯,巴克斯和阿里阿德涅(Ariane)……我们可以想象,这个在坟墓中结合并复活的组合暗含了多少组神话人物。奈瓦尔曾把圣母玛利亚称为"白玫瑰",《希达利丝》(Les Cydalises)中便有所涉及:"恋人们在哪里?/她们在坟墓之中:/她们更加幸福,/身处更为美好的居所! ……哦身着白衣的未婚妻!/哦花朵般的年轻女郎!"②

"花朵"可以理解为忧郁的那喀索斯所变的水

---

① 参见 M. Détienne, *Dionysos à ciel ouvert*, Hachette, Paris, 1986。

② In *O. C.*, t. Ⅰ, *op. cit.*, p. 57.

仙,他最终通过沉溺于水中的倒影而得到安慰。这花朵也可能是"勿忘我"(myosotis)[1]:这个词奇特的音韵向我们提示了诗歌的技巧("有一个声音用一种温柔的语言做了回应"),同时也援引了那些热爱作家之人的记忆("别把我忘了!")。最后我们还想再说说这个与花相关的世界可能蕴含的意义,它或许关系到另外一个人:奈瓦尔的母亲在他两岁时去世,她名叫玛丽-安托瓦内特-玛格丽特·罗兰(Marie-Antoinette-*Marguerite Laurent*),人们一般称呼她劳伦斯(Laurence)——一位圣女、一朵花(雏菊、月桂[2])。而珍妮·科隆的原名是……玛格丽特。这或许是"神秘玫瑰"的由来。

楼斗菜与犹豫:我是谁?

这样的融合可以带来安慰,却也是致命的;通过与玫瑰交织相缠获得了辉煌灿烂的圆满,却也进

---

[1] *Aurélia*, in *O. C.*, t. Ⅰ, *op. cit.*, p. 413.

[2] 法语人名玛格丽特(Marguerite)作为普通名词意为"雏菊",罗兰(Laurent)一词则与"月桂"(laurier)相近。——译者注

入了坟墓的暗夜；有自杀的诱惑，也有花朵的重生……当奈瓦尔重读自己的文字之时，是否会将这些对立事物之间的连接视为一种"疯狂"？

在艾吕雅的手稿中，诗句第7行"花朵"一词处注有"楼斗菜"（ancolie）字样——有人认为这是忧愁的象征，也有人认为这代表着疯狂。忧郁/楼斗菜（mélancolie/ancolie）。这个韵脚让我们再次思考诗歌前两节之间的相似和对立：矿物属性的忧愁（第1节）叠加于一种致命的，同时又带有疯狂吸引力的融合之上，它被视为对坟墓之外另一个生命的许诺（第2节）。

第3节的三行诗阐明了"我"的不确定性。刚出现的"我"是得意扬扬的，随后与"你"结合到一起，此处他开始自问："我是？"这是全诗的转折点，也是怀疑和清醒的时刻。诗人在两者之间寻找他特殊的身份，这个领域可以被认为第三领域，它既不是阿波罗的，也不是酒神的，既不是沮丧的，也不是沉醉的。疑问形式让我们暂时从前两节几乎幻觉一般的世界里抽离出来，从它们摇摆不定、无法明确的内涵和象征意义中抽离出来。选择的时候到了：究竟是爱神（Amour），也就是厄洛斯，普赛克的情人（与第2节相呼应），还是奥维德（Ovide）《变形记》(*Les Métamorphoses*)中追求宁芙达芙妮(Daphné)的福玻斯-阿波罗(与第 1 节相呼应)？达芙妮为了逃避阿波罗的追逐而变身为月桂树，而本诗第 2 节也涉及了花的变化。这究竟是被满足的恋人还是受挫的恋人？

根据奈瓦尔想象的血统，吕济尼昂·德·阿勒内(Lusignan d'Agenais)可能是拉布吕尼家族的祖先，他因为蛇蝎美人美露莘(Mélusine)的逃跑而心碎。比隆(Biron)则可追溯到比隆公爵的一位祖先，即第三次十字军东征中的十字军战士埃利·德·贡多(Elie de Gontaut)；他也可能是比隆勋爵(Lord Byron)——奈瓦尔混淆了 Biron 和 Byron 两个名字的拼法①。

爱神和福玻斯、吕济尼昂和比隆这两个组合内部有着怎样的逻辑关系？这两个组合之间又是什么关系？是在罗列那些因为追求无法掌控的爱人而或多或少可称为不幸的恋人吗？又或者是在罗列这两种类型的恋人：一种得到满足，另一种则处于绝望之中？相关的解释为数众多，且观点多有分歧，有人认为是在罗列，也有人认为是在交错配列。

_____

① 参见 Jacques Dhaenens, *op. cit.*, p. 49。

然而，奈瓦尔诗歌的多义性（类似的还有"褐发或金发/是否需要选择？/这世界的上帝/是欢愉"[1]）使我们认为，这里的逻辑关系也是不确定的。它同时也把我们引向了这只蝴蝶，后者身上同样带有迷人的不确定性："蝴蝶，没有茎的花朵，/在空中飞舞，/人们用网来捕捉；/在广袤无垠的大自然之中，/和谐，/在植物与鸟群之中！……"[2]

归根结底，这个小节中堆砌在一起的专有名词更像是不同身份的符号。如果说这些"人"都属于爱与丧失的世界，那么，经由诗人与他们之间的认同，他们所提示的是，既是恋人又是诗人的"我"变成了一个由诸多难以把握的身份组成的"星座"。我们不确定这些人物对于奈瓦尔而言是否具有神话或中世纪起源层面的深刻意义。这些名字不厌其烦的、幻觉一般的堆积使读者不禁认为，他们或许仅仅是一些关于丧失的物的符号，这些符号被切割，无法统一。

---

① Chanson gothique, in O. C., t. Ⅰ, op. cit., p. 59.

② Les papillons, in O. C., t. Ⅰ, op. cit., p. 53.

潜藏的暴力

这一关于自身身份的发问刚刚结束，诗歌的第10行便指出了说话者对他的女王的依赖：发出疑问的"我"并非君王，他有一位王后（"我的额头上还留有女王亲吻留下的红印"）。炼金术召唤出国王和王后，以及他们的结合，红色也是耻辱和谋杀的符号（"我有时也会有该隐那无情的血红色！"），此处我们又一次陷入一个模棱两可的世界：额头上带着爱人亲吻留下的记忆，意味着爱情的欢愉；而与此同时，红色提示的则是谋杀的鲜血，以及与此相关的亚伯和该隐，意味着古老爱情具有毁灭性的暴力，情人的激情之下隐含的仇恨，他们田园牧歌式爱情背后的复仇和迫害。在活泼潇洒的厄洛斯背后，忧郁而强大的安特罗斯蠢蠢欲动："你问我内心为何会有如此强烈的愤怒/……是的，我是受复仇者启迪的人，/他愤怒的嘴唇在我额头留下了印记，/在亚伯的苍白之下，唉！鲜血淋漓，/我有时也会有该隐那无情的血红色！"①

---

① *Antéros*，in O. C.，t. Ⅰ，*op. cit.*，p. 34.

绝望之人的苍白之下，是否隐藏着因他对自己爱人致命的暴力而引发的对自己的愤怒？这种愤怒具有复仇性质，同时又无法明言。这种攻击性在全诗第10行有所体现，但它不是由说话者来承担的。它被投射出去：真正带来伤害，使人变得鲜血淋漓的并非我，而是女王的亲吻。这种暴力的涌入随即中断，梦者出现在一个避风港、一个子宫般的避难所或者一个摇摇晃晃的摇篮之中。红色调的女王变成了一个游动的、身着绿色新装（《火枪手》版本）的美人鱼。上文我们已经分析了第2节中所蕴含的与花朵、生命力和复活相关的意义，以及奈瓦尔诗歌中频繁出现的红色与绿色的对立。红色是反抗、起义之火的隐喻，它与该隐、魔鬼和地狱相关，而绿色则是神圣的，哥特式的彩绘玻璃里常常将绿色赋予圣约翰①。是否还有必要再次强调这位女主人的皇室身份？她是支配者而非被支配者，占据着权威和父亲的位置，也因此对阴郁者有着无法超越的影响力：她是示巴女王（Reine de Saba）②、

---

① 参见 Jacques Dhaenens, *op. cit.*, p. 59。

② 示巴女王：又译"希巴女王"或"席巴女王"，据传是所罗门王时代统治非洲东部示巴王国的女王。——译者注

伊西斯(Isis)①、玛利亚、"教堂王后"(reine de l'Église)……? 面对她,只有书写这一行为能够以一种含蓄的方式成为主人和复仇者:我们知道,这首诗是用红色墨水写就的。

由此,我们只找到一点简单而薄弱的关于性欲及其双重性的影射。诚然,爱欲链接导向了主体冲突的极点,性以及能够将其指称的话语在主体的感知里都具有毁灭性。于是我们明白,忧郁的退缩是面对爱欲之危险的一种逃离。

这种对性及其命名的回避确认了这样的假设:"El Desdichado"中的"星辰"更接近于古老的"物",而非某个欲望对象。然而,尽管对于某些人而言,这样的回避对于心理平衡是必要的,我们可能会问:通过避开通往他者(他者固然带有威胁性,但他同时也是自我极限确立的条件)的道路,主体是否将自己置于物的坟墓之中? 面对解除链接、导向死亡的退行趋势,单纯的升华,而没有与生本能和死本能相关内容的阐释,似乎不能发挥多大的作用。

相反,弗洛伊德的方法则旨在安排(无论在怎

---

① 伊西斯:古埃及神话中的生命、魔法、婚姻和生育女神,被视为完美女性的典范。——译者注

样的情境下，无论自恋型人格遇到怎样的困难）性
欲的呈现和表达。精神分析的诋毁者往往认为这
种方法过于简化，然而，从上述对忧郁者想象的分
析来看，它其实是一种伦理选择，因为被命名的性
欲（désir sexuel *nommé*）确保了主体对他者的依恋，
因而也确保了他对意义——对生命的意义的依恋。

我在讲述

然而，诗人从他的地狱之行归来。他"两次"渡
过阿歇隆，"活着"（《火枪手》版本）并成为"胜利者"
（《火的女儿》版本），这两次渡河经历所指涉的是奈
瓦尔此前两次严重的疯病发作。

他将无名的欧律狄刻（Eurydice）纳入自己的歌
声与里拉琴的和音之中，他将"我"这一代词赋予自
己。诗歌尾声的这个"我"不像开头那么僵硬，也不
像第 9 行里的"我"那样充满不确定，此时的"我"在
讲述故事。过往触不可及，充满暴力，它是红色的，
也是黑色的，致命复活的青绿梦境，所有这些都变
成了一种包含时间距离（"我曾……渡过"）的技巧，
它属于另一种现实：里拉琴的现实。由此，忧郁地

狱的冥间变成了一个抑扬变调歌唱出来的故事，韵律被融进了此处刚刚开始的叙事之中。

奈瓦尔并没有说明他这一神奇变化（"我曾两次胜利地渡过阿歇隆"）的缘故、动机或原因，但是他透露了这一变形的核心：把"圣女的哀叹与仙女的呼叫"融入他的旋律和歌声之中。所爱之人的角色被一分为二：理想的和性感的、白色和红色、罗莎莉和美露莘、处女和女王、阿德里安娜（Adrienne）和珍妮等。此外，这些女性从此变成了故事里的人物所携带的声音，这是一个讲述过往的故事。她们既不是隐藏于多义的象征深处的、无法命名的存在，也不是某种毁灭性激情的神秘对象，她们尝试着变成一个具有净化作用的故事里想象的主角，这个故事努力地对模棱两可、对快感进行命名，并将其进行区分。"哀叹"和"呼叫"之中包含着原乐，而理想化的爱情（"圣女"）也有别于爱欲的激情（"仙女"）。

通过跳进技巧的、俄耳甫斯的世界（升华的世界），从哀悼的经验和创伤客体处，阴郁者仅仅得到了一种或悲伤或激情的声音。由此，借由语言自身的元素，他靠近了失去的物。他的话语与这个物融为一体、将它吸收，对它进行修改和加工：他将欧律狄刻从忧郁的地狱中拯救出来，并在他的歌唱，即文本之中为她赋予了一种新的存在。

"鳏夫"和"星辰"-"花朵"的重生其实就是诗歌本身，诗歌经由叙事立场的开始而得到强化。这种想象拥有复活的作用。

但是，在"El Desdichado"中，奈瓦尔式的故事仅仅是以暗示的方式体现。在其他诗歌中，它是分散的，而且总是留有空白。在散文作品中，为了保证其向某个目标或某一有限信息艰难地线性行进，他往往会借用某个文学人物的旅行或其传记性经历。《奥蕾莉娅》正是这种叙事分散性的一个例子，文本里充满了梦境、重叠、思考、未完成的事……

这种预示着小说变化的现代经验的、令人眼花缭乱的叙事万花筒，我们无法称其为"失败"。叙事的连贯在句法的确定性之外构建了时间与空间，揭示了对危险和冲突的存在性判断的把握，但这绝非奈瓦尔的兴趣之所在。所有的故事都预设了一种因俄狄浦斯情结而稳固的身份，完成对物的哀悼之后，他可以通过失败以及对"客体"欲望的征服来继续他的冒险。如果说这就是故事的内在逻辑，那么我们就会明白，叙事似乎过于"次要"，过于概括，过于无关紧要，无法捕捉到奈瓦尔的"黑色太阳"的炽热。

于是，韵律便成了最重要也是最根本的滤网，它在语言中筛选出"黑太子"的痛苦与欢乐。这个滤网虽然脆弱，却是唯一的。在词语和句法结构丰富而矛盾的含义之外，难道我们最终没有听到声音的形态？从诗歌开篇的叠韵、节奏、旋律开始，言说的身体的转换便在他的声音和口头表达中有所体现。T：阴郁者(*t*énébreux)、阿基坦(Aqui*t*aine)、塔堡(*t*our)、星辰(é*t*oile)、死去(mor*t*e)、诗琴(lu*t*h)、布满繁星的(cons*t*ellé)、带来(por*t*e)。BR-PR-TR：阴郁者(ténéb*r*eux)、亲王(*pr*ince)、塔堡(*t*our)、死去(mo*rt*e)、带来(po*rt*e)。S：是(*s*uis)、不得慰藉的人(incon*s*olé)、亲王(prin*c*e)、唯一的(*s*eul)、布满繁星的(con*s*tellé)、太阳(*s*oleil)。ON：不得慰藉的人(inc*on*solé)、我的(m*on*)、布满繁星的(c*on*stellé)、忧郁(mél*an*colie)······

这种韵律[①]不断重复，往往显得单调，它为情感的流动性设定了严格的解读框架（解读需要关于神话或秘传学说的精确知识），但是，由于它带有很强的影射性，这个框架又是灵活而不确定的。阿基坦

---

① 参见 M. Jeanneret, *La lettre perdue*, *écriture et folie dans l'œuvre de Nerval*, Flammarion, Paris, 1978。

亲王、"唯一的死去的星辰"、福玻斯、吕济尼昂、比隆……究竟是谁？我们可以知道，我们的确知道，相关的阐释为数众多，说法不一……但是，即便普通读者对这些影射对象毫无概念，依然可以读懂这首诗，他们只需要跟随声音和韵律的流动，这些声音和韵律给了限制，同时又使每个词，或者说每个专有名词都能引发相应的自由联想。

于是，我们明白，战胜忧郁不仅在于某个象征家庭的建构之中（祖先、神话人物、秘传群体），同时也在于某个独立的象征客体的建构之中：诗歌。这样的建构由作者来完成，它取代了失去的理想，同时也将悲伤变成了抒情曲，这歌声里带有"圣女的哀叹和仙女的呼叫"。在艺术家所创造的韵律之中，思念——"我唯一的星辰死去了"——变成了诗歌创作这一象征性的吞噬行为里被吞噬的女性声音。我们可以用类似的逻辑来阐释文本，尤其是奈瓦尔的诗歌里大量存在的专有名词。

名字-标志：这是

诗中的一系列专有名词试图填补因某个唯一

的名字的缺失而留下的空缺。父亲的名字或者上帝的名字。"哦我的父亲！我在自己身上感觉到的是你吗？/你是否拥有经历和战胜死亡的能力？/你是否已屈服于/受诅咒的暗夜天使最后的努力……/因为我感到自己独自一人在哭泣，在承受痛苦，/唉！如果我死了，那么一切都将死去！"①

这段以第一人称发出的基督哀歌像极了一个孤儿，或者一个缺乏父爱的人对自己身世的哀叹（拉布吕尼太太于 1810 年去世，而奈瓦尔的父亲艾蒂安·拉布吕尼则于 1812 年在维尔纽斯受伤）。耶稣被父亲抛弃，他受难后独自沉入地狱，这些都吸引着奈瓦尔，被他解读为基督教内部关于"上帝之死"的一种信号。让-保罗（Jean-Paul）宣称"上帝死了"，奈瓦尔在题铭中引用了这句话。基督被他的父亲抛弃了，这有悖于他全能的形象。基督死了，他把世上所有的生物都拖入了这一深渊。

奈瓦尔笔下的忧郁者认同被天父抛弃的基督，他是一个无神论者，不再相信这个"疯子，这个卓越却失去理智的人……这个重新升天的、被遗忘的伊

---

① *Le Christ des Oliviers*, in *O. C.*, t. Ⅰ, *op. cit.*, p. 37.

卡洛斯"①的神话。奈瓦尔谈论的是动摇了欧洲的虚无主义吗？这个欧洲是让-保罗的欧洲，也是陀思妥耶夫斯基和尼采的欧洲。这种虚无主义使得让-保罗的名言激起回响，奈瓦尔将它放在了《橄榄树下的基督》这首诗的题铭部分："上帝死了！苍穹空空荡荡……/哭泣吧！孩子们，你们从此没有父亲！"认同基督的诗人似乎做了这样的暗示："'不，上帝并不存在！'/他们沉睡着。'我的朋友们，你们是否得知了这个消息？/我用额头轻触永恒的苍穹；/我鲜血淋漓，破碎不堪，承受了许久的痛苦！/兄弟们，我过去一直在欺骗你们：深渊！深渊！深渊！/在我成为牺牲品的祭台上，上帝缺席了……/上帝不是！上帝不再是！'/但他们依然沉睡着！……"②

　　但是，或许他的哲学本质上是基督教，只是隐藏于秘传哲学的外表之下。他用隐藏的上帝替代了死去的上帝，这并非冉森主义，而是一种弥漫的灵性，某种严重焦虑心理的终极避难所："在黯淡的存在里往往驻着一个隐藏的上帝；/如同新生儿的

---

① *Le Christ des Oliviers*, in O. C., t. Ⅰ, *op. cit.*, p. 38.
② *Ibid.*, p. 36.

眼睛被他的眼皮所保护,/纯净的精神也在石头的庇护下成长。"①

通过罗列专有名词(这些名词与历史、神话,以及秘传学里的人物相关),人们实现了对上帝的不可能实现的命名,随后将他粉碎,并最终让他进入无法命名的物(Chose innommable)的模糊区域。也就是说,这里涉及的并非犹太教或基督教一神论的内部辩论,并非关于是否可能对上帝进行命名、关于上帝名字的唯一性或多种可能的辩论。在奈尔瓦的主体性之中,关于命名、关于主体独特性的权威是更为深刻的危机。

上帝或者他的名字被认为已经死去,或者说被否定,那么就有可能用一系列想象的血统来将他取代。这些家族、兄弟、成对出现的人物或取自神话,或取自秘传学说,或取自历史,奈瓦尔用他们来替代上帝,他们似乎具有某种咒语、魔法、仪式层面的意义。相比他们所参照的具体对象,这些专有名词与其说意味着,不如说是指出了一种巨大的、不可回避的、无法命名的存在,仿佛他们就是那个唯一客体的不断重复:不是母亲的"象征性等同物"

---

① *Le Christ des Oliviers*, in *O. C.*, t. Ⅰ, *op. cit.*, p. 39.

（équivalent symbolique），而是没有内涵的指示词——"这个"。这些专有名词是指向失去的存在（être perdu）的姿态，"忧郁的黑色太阳"首先从这一存在处逃离，随后，爱欲客体被安顿下来，他与处于哀悼之中的主体分离，与此同时，语言符号层面的技巧将这一对象转移到象征层面。归根结底，在思想价值之外，诗歌将这些重复的内容作为一些没有所指的符号，一些次符号（infra-signes）、超符号（supra-signes）纳入自身。这些符号尝试着在交流之外去触及已经死去或无法触及的客体，尝试接近无法命名的存在。因此，多神论的终极作用在于：将我们引向命名的边界，引向非象征的边缘。

将这一未被象征化的客体表征为母性客体，这不仅是悲伤和思念的源头，同时也是仪式崇拜的起源。忧郁的想象将其升华，并防止崩溃，防止进入说示不能的状态。由此，奈瓦尔指出了这个由专有名词组成的藤蔓的暂时性胜利，而这些名词来自丧失的"物"的深渊："我喊了很久，在古老神明的名字之下呼喊我的母亲。"①

---

① « Fragments du manuscrit d'Aurélia », in O. C., t. I, *op. cit.*, p. 423.

对哀悼的纪念

　　因此,忧郁的过往无法真正成为过往。诗人的过往亦是如此。他是永恒的历史学家,他所记录的不是他的真实故事,而是一些象征性的事件,这些事件将他的身体引向意义的表达,或以沉沦来对他的意识进行要挟。

　　奈瓦尔的诗歌于是具有了高度的记忆功能(他在《奥蕾莉娅》中写道:"向女神谟涅摩叙涅祈祷"①),它纪念了象征和幻想诞生为文本的过程,而文本成为艺术家唯一"真实的"生活:"对于我而言,此处开始了我所谓的梦境在现实生活中的流露。从此刻开始,事物常常具备了双重性……"②比如,在《奥蕾莉娅》中,我们看到这样几个片段连在一起:心爱的女人(母亲)去世;对这个女人以及死亡的认同;一个孤独的心理空间的建立,这个空间由对某种双性或无性形式的感知来支撑;丢勒的《忧

①　*Aurélia*, *op. cit.*, p. 366.

②　*Ibid.*, p. 367.

郁》所呈现的忧伤的爆发。下面这个段落可以被解读为对克莱茵学派所重视的"抑郁状态"（position dépressive）的一种纪念①："……我看到在我面前有一个脸色苍白、眼窝凹陷的女人，我觉得她很像奥蕾莉娅。我自言自语：'人们对我宣告的是她的死亡，或者是我的死亡！'……我游荡在一座由好几个大厅组成的宽阔建筑之中……一个体型巨大的人——男人还是女人，我不知道——在空中艰难地飞舞……像极了阿尔布雷希特·丢勒笔下的忧郁天使。——我情不自禁地发出了恐惧的叫声，同时惊醒。"②语言的象征，以及更为有力的、文本的象征接替了恐惧，暂时战胜了他者或自我的死亡。

不断变化的重影

鳏夫或诗人，身处布满繁星的天空抑或身处坟墓之中，认同已故之人或俄耳甫斯式的胜利者——这些不过是"El Desdichado"向我们透露的关于模棱两可

---

① 参见本书第一章第 27 页、第 35 页。
② *Aurélia*, *op. cit.*, p. 366.

的几个例子，它们使得重叠（dédoublement）成了奈瓦尔的想象中最核心的修辞手法。

忧郁者并非将客体的丧失（无论这种丧失发生在早年还是近期）引发的不快压抑下去，而是将丧失的物或客体安顿在自己身上，他既认同丧失的有利方面，也认同其不利的影响。在此，我们面对的是他自我双重性的首要条件，同时也开启了一系列充满矛盾的相互认同，诗人在想象中尝试着调和这些矛盾形象：暴虐的法官和受害者、无法实现的理想或无法救治的病人等。这些人物形象相继出现，他们相遇，相互追逐或者相互爱恋，相互照顾，相互排斥。兄弟、朋友或敌人，这些成对出现的人物之间可能会上演关于同性恋的真正剧本。

然而，当这些人物中的某个认同丧失客体女性的一面，那么，超越分裂进行调解的努力将导致说话者的女性化或者走向雌雄同体："从此刻开始，事物常常具备了双重性……"①奥蕾莉娅，"一个我爱了很久的女人"死了。但是，"我自言自语：'人们对我宣告的是她的死亡，或者我的死亡！'"②在找到奥

①　*Aurélia*，*op. cit.*，p. 367.

②　*Ibid.*，p. 365.

蕾莉娅的葬礼半身像之后，叙事者讲述自己因为得知她生病而陷入忧郁："我以为自己不久于人世……更何况，相比活着的时候，她死后才更属于我。"①在此，她与他、生与死是在镜中相互映射的实体，他们可以相互替换。

在描述了史前动物的创造和各种灾难之后（"永恒的母亲在受难，她到处在死去，在哭泣，在凋零"②），出现了另一个重影。那是一个来自东方的王子，他拥有叙事者的脸庞："那是我的身形，被理想化、被放大。"③

由于未能与奥蕾莉娅结合，叙事者将她变成了一个理想化的重影，但这次是个男性："'这个男人是个双面人'，我对自己说。——'我感觉到自己身上有两个人。'"④观众和演员、提问者和回答者、好和坏都被投射在他身上："无论怎样，对方对我都充满敌意。"理想化变成了迫害，使得叙事者听到的任何东西都带有了"双重含义"……因为身体里驻进了这个坏的重影，"一个在灵魂世界取代我的邪恶

① *Aurélia*, *op. cit.*, p. 378.

② *Ibid.*, p. 383.

③ *Ibid.*, p. 384.

④ *Ibid.*, p. 385.

天才"，奥蕾莉娅的情人感到了加倍的绝望。最为
不幸的是，他想象自己的重影"必须与奥蕾莉娅结
婚"——"我立刻变得激动，失去理智"，而身边的人
都在嘲笑他的无能。这一悲剧性分裂的结果是，女
人的喊叫和一些奇怪的言语——这也是能够证明
分裂的迹象，这次，是性别上的分裂，同时也是语言
上的分裂——撕裂了奈瓦尔的梦境①。在葡萄藤蔓
下，他遇见了一个女人，她的外貌与奥蕾莉娅一致，这
使他再次产生了他要死去，与她重逢的想法，就好像他
是已故的奥蕾莉娅的另一个自我（alter ego）②。

关于重影的片段相互连接，不断变化，它们最
终都汇聚成对两个根本人物形象的颂扬：普世的母
亲（Mère universelle），即伊西斯或玛利亚；以及基
督，叙事者想要成为基督的终极重影。"一种神秘
的合唱传入我的耳畔；一些童声一齐重复着：基督！
基督！基督！③……'但是基督不再是'，我对自己

---

① *Aurélia*, *op. cit.*, p. 388.

② *Ibid.*, p. 399.

③ 此处法语原文里使用的是 Christe 一词，该词应为奈瓦尔
所造。考虑到作者指出叙事者想要成为基督的重影，这里
的 Christe 或许可以理解为 Christ 这一名字的阴性形
式。——译者注

说。"①叙述者和基督一样，坠入地狱，而文本就停留在这个画面，仿佛他对宽恕和重生并不确定。

的确，宽恕这一主题是《奥蕾莉娅》末尾数页的重点之所在：因为没有像哀悼"这个女人"那样动情地哀悼自己的双亲，诗人被认为犯有过错，无法期望得到宽恕。然而，"基督的宽恕同样也为你而宣告！"②于是，对宽恕的渴望、入教以便死后继续存在的企图一直萦绕在这场与忧郁和分裂的对抗之中。面对"忧郁的黑色太阳"，奥蕾莉娅的叙述者断言，"上帝就是太阳"③。这究竟是一种复活的蜕变，还是"黑色太阳"的反面？

述说分裂

有时，重影变成一种分裂，变得"如同分子"，就像一些熔流勾画出了"没有太阳的白昼"："我感到自己既不痛也不痒地被一股金属的熔流带走，还有

---

① *Aurélia*, *op. cit.*, pp. 401 – 402.

② *Ibid.*, p. 415.

③ *Ibid.*, p. 398.

千百条相似的洪流，只有它们的色泽才显示出各自
化学成分的区别，它们耕犁着大地的胸膛，就好像
血管和经脉在大脑沟回上蜿蜒伸展。一切都在如
此奔腾、旋转、震颤，我突然觉得，这些熔流都是由
活生生的灵魂构成的，它们都处于分子状态，而只
是由于这番旅行的迅疾，我无法分辨出它们来。"①

　　陌生的感知，令人惊叹的对加速解体的认识，
这是忧郁和潜在精神病的基础。这种关于令人眩
晕的加速的语言具有组合性、多元性和综合性的特
征，它们由原发过程主导。这种象征行为往往是对
表征的反叛，它是"非具象的""抽象的"，奈瓦尔将
其完美捕捉："我同伴们的言语含有神秘的措辞，我
能明白它们的含义，没有定型、没有生命的物件听
从着我精神的计算；——从小石头的排列组成中，
从角、裂缝与开口的样子中，从叶子的轮廓中，从各
种颜色中，从各种气味和各种声音中，我都能看到
以前一直如陌路生人的和谐关系。我不禁问自己：
'我怎么能在大自然之外存在那么长的时间，而丝
毫不和它合而为一？一切都在活着，一切都在运

---

① *Aurélia*, *op. cit.*, p. 370.［本段引文采用了余中先的译文
（收录于奈瓦尔：《火的女儿：奈瓦尔作品精选》，余中先译，
漓江出版社，2000 年，第 389—399 页）。——译者注］

动,一切都互相联系着……这是一张透明的网,它覆盖着世界……"①

这里出现了关于"通感"(correspondance)的秘传学说理论。尽管如此,上面引用的这一段也很好地体现了奈瓦尔的书写方式所特有的韵律上的丰富性。他似乎更重视强度、声音和意义的网络,而非某一单义信息的交流。事实上,这张"透明的网"指的正是奈瓦尔的文本,我们可以将它解读成升华的隐喻:将冲动及其对象转入不稳定的、重新组合的符号之中,这些符号使作者能够"参与我的欢乐与痛苦"②。

无论奈瓦尔的文本在何种程度上影射了共济会、影射了奥义的传授,又或许,与之并行地,他的书写唤起了(就像在个人的精神分析之中)古老的心理体验,很少有人能够通过有意识的话语来达到这种心理体验。奈瓦尔的精神病给他带来的内心

---

① *Aurélia*, *op. cit.*, p. 407. 字体强调为本书作者所加。参见本书第一章第 38—42 页,关于死亡表征的部分。[本段引文同样采用余中先的译文(收录于奈瓦尔:《火的女儿:奈瓦尔作品精选》,余中先译,漓江出版社,2000 年,第444—445 页)。——译者注]

② *Ibid.*, p. 407.

冲突使他能够触及语言和人类存在的极限，这一点似乎是显而易见的。在奈瓦尔身上，忧郁不过是冲突的一个侧面，这些冲突甚至可能导致精神分裂式的碎块化（morcellement）。然而，由于它处于心理空间的组织与无序的连接处，处于情感和意义、生物和语言、非象征和消失的或令人眩晕的快速符号化之间的界限处，正是忧郁主导了奈瓦尔的表达方式。由此，围绕忧郁的"黑点"或"黑色太阳"，创造出象征符号无法确定的韵律和复调，这是对抗抑郁的解药，一种暂时的救赎。

忧郁是"价值危机"（crise des valeurs）的基础，"价值危机"震撼了整个 19 世纪，它也表现在神秘主义的泛滥之上。天主教的传统受到质疑，其中与心理危机状态相关的元素则被纳入一个多形态、多价值的精神综合体系之中。上帝与其说被体验为一种化身、一种欢愉，不如说是被体验为秘密的、无法命名的对激情的追寻，体验为某种绝对意义的存在，这种存在似乎无处不在，但它同时又难以捉摸、害怕被遗弃。于是，在大革命开启了信仰和政治上的危机之后，人便有了一种实实在在的、象征层面的忧郁体验。瓦尔特·本雅明强调了这种想象的忧郁基底，它被剥夺了古典的、天主教的稳定性，同时又急于为自己赋予某种新的意义（只要我们在说话，只要艺术家在创作），但这种意义本质上仍然是失望的，它被黑暗王子（Prince des ténèbres）的恶毒或讽刺所撕裂（只要我们像孤儿一样活着，同时又是创造者，是创造者但又被遗弃……）。

然而，正如奈瓦尔的其他诗歌和散文诗，"El Desdichado"尝试着呈现这一不受拘束的意义表达，它在秘传学说的多义性之中跳跃、摇摆。通过确保意义的消散——在文本中对破碎身份所进行的回应——诗歌的主题描述了一次对情感哀悼和爱欲考验的真正"考古"，情感哀悼和爱欲考验因诗歌语言对过往的吸收而得以克服。同时，这种吸收也经由符号自身的口语化和音乐化而得以实现，从而使得意义接近丢失的身体。正是在价值危机内部，诗歌书写模仿了一种重生。"我曾两次胜利地渡过阿歇隆……"不会再有第三次了。

升华是 Desdichado 的强大盟友，但前提是他能够接收和接纳他人的言语。他去寻找——这次没有里拉琴，而是独行于孤灯照亮的暗夜之中——"圣女的哀叹与仙女的呼叫"，而对方却没有赴约。

第七章 陀思妥耶夫斯基：痛苦与宽恕的书写

颂扬痛苦

陀思妥耶夫斯基(1821—1881)所遭受的折磨更多是因为癫痫,而不是因为临床意义上的忧郁①。希波克拉底将癫痫和忧郁两个词等同,亚里士多德则对二者进行比较和区分,而当前临床上的治疗更是把它们当作完全不同的两个概念。然而,在陀思妥耶夫斯的作品中,我们会看到,虽然痛苦与癫痫

---

① 弗洛伊德在他关于陀思妥耶夫斯基的经典文章中,从癫痫、不道德、弑父与游戏的角度来分析作者,而关于痛苦背后潜藏的施虐和受虐,他只是以暗示的方式提及。参见 « Dostoïevski et le parricide », 1927, traduction française in *Résultats, Idées, Problèmes*, t. Ⅱ, P. U. F., Paris, 1985, pp. 161 - 179; *S. E.*, t. ⅩⅪ, p. 175 sq.; *G. W.*, t. ⅩⅣ, p. 173 sq.。关于这篇文章的探讨可以参考 Philippe Sollers, « Dostoïevski, Freud, la roulette », in *Théorie des Exceptions*, Folio, Gallimard, Paris, 1986。

之间并没有明确的、直接的关系，但是，根据作者的描述，在癫痫发作之前会出现沮丧状态，发作之后更是如此。而痛苦更是贯穿于他作品的始终，成为他书写的基本特征。

奇怪的是，陀思妥耶夫斯基坚称在意识的边缘存在着某种早期的，或者至少是某种原始的痛苦，这让人想起弗洛伊德关于原初的、承载欲望的"死本能"（pulsion de mort）和"原发性受虐"（masochisme primaire）①的论述。克莱茵认为，投射往往先于内摄，侵凌先于痛苦，妄想-类分裂状态是抑郁的基础，弗洛伊德则强调所谓的心理零度（degré-zéro de la vie psychique）的重要性。在这里，尚未被爱欲化的痛苦（"原发性受虐""忧郁"）可能是某种断裂（关于无机物和有机物之间跳跃的记忆；身体与生态系统、孩子与母亲等分离所造成的影响；以及恒久而暴虐的超我的致命作用）极为重要的心理印记。

这样的观点似乎与陀思妥耶夫斯基的十分吻合。他将痛苦理解为一种早熟的、原发的情感，是对某个确定的、一定意义上是前客体的创伤所做出

———————

① 参见本书第一章第 23—30 页。

的回应。但是,我们无法为这个创伤指定一个独立于主体的代理人,这个代理人有可能把能量、心理印记、表征或行为导向外部。超我过早出现,让我们想起被弗洛伊德视为"死本能产物"的忧郁超我(surmoi mélancolique)。仿佛是在这样的超我影响之下,陀思妥耶夫斯基笔下主人公的冲动重新回到了他们自己的空间。它们并非变成爱欲冲动(pulsion érotique),而是变成一种痛苦的情绪。陀思妥耶夫斯基式的痛苦不在外部,也不在内部,而是介于两者之间,处于自我/他者分离的边界,甚至发生在这样的分离成为可能之前。

传记作家指出,陀思妥耶夫斯基喜欢跟生性忧伤的人交往。他在自己身上培养悲伤的气质,同时也在自己的作品和通讯中对其进行颂扬。我们在此援引他于1869年5月27日在佛罗伦萨写给梅科夫(Maïkolv)的一封信:"主要是忧愁。但如果要对此进行谈论或者做进一步的解释,就必须多说一些。悲伤如此沉重,以至于如果我独自一人,可能会因此而患病……无论如何,忧愁都是可怕的,而在欧洲情况会更糟糕,这里的一切对于我而言都像野兽一般。无论发生什么,我已经决定明年春天回到彼得堡……"

癫痫和书写都是一种阵发性悲伤的高潮部分，它会逆向转变成超越时间的神秘欢欣。因此，在《着魔者/魔鬼日记》（*Carnets des possédés/des démons*，小说出版于 1873 年）中，他写道："早上六点发作（特罗普曼受刑那天，几乎同一时间）。我没有听见。八点钟醒来，意识到自己正在发作。头痛，感觉身体已破碎。总体而言，发作的后遗症，比如神经质，记忆减退，迷糊、容易陷入沉思的状态，现在持续的时间比前几年更久。过去，这样的状态会持续三天，而现在至少六天。尤其是晚上，在烛光下，一种没有对象的臆想的忧伤，仿佛一切都蒙上了一种红色，一种血腥的色调（*而不是色彩*）……"①或者："紧张的笑容和神秘的忧愁"②，他反复说着，将中世纪僧人的淡漠忧郁症（acedia）作为一种暗含的参照。又或者：如何书写？"忍受痛苦，忍受很多的痛苦……"

这里的痛苦就像一种"过剩"、一种力量、一种快感（volupté）。奈瓦尔忧郁的"黑点"让步于一种

---

① 强调部分为本书作者所加。*Carnet des démons*，in *Les Démons*，La Pléiade，Gallimard，Paris，1955，pp. 810 - 811.

② *Ibid.*，p. 812.

激情的洪流,或者说是一种歇斯底里的情感,它的
变幻无常和泛滥夺走了"独白"文学的平静符号和
结构。这种歇斯底里的情感为陀思妥耶夫斯基的
文本赋予了一种令人眩晕的复调,并使得不屈服于
上帝的、反叛的血肉之躯成为陀思妥耶夫斯基笔下
人物的终极真理。痛苦的快感,没有"任何冷漠,任
何醒悟,任何拜伦所推崇的东西",却"渴求快感,那
是一种无度的、无法满足的渴望","对生命的无止
境的渴求",包括"偷窃、劫掠的快感,自杀的快
感"。① 这种情绪的高涨,将痛苦逆转为无边的欢
愉,在基里洛夫自杀或者病情发作的片段中得到了
精彩的描述:"'有这样的几秒钟,每次总共也就五
六秒钟而已,您会突然感觉到完全达到了一种永恒
的和谐。这不是一种人间的感觉:我倒不是说这是
一种天国之感,而是说这不是肉体凡胎的人所能体
会的。必须脱胎换骨,或者干脆去死。这种感觉十
分清晰而又无可争议。……这不是深受感动,……
您也不是在爱,噢——这比爱更高! 最可怕的是这
非常清晰而又十分欢悦。要是超过了五秒钟——

---

①　字体强调为本书作者所加。*Carnet des démons*, in *Les
　　Démons, La Pléiade, Gallimard, Paris, 1955, p. 1154.

那这心就会受不住,就必定会消失。……如果要经
受十秒钟,就必须脱胎换骨。……'

"'您没有癫痫吗?'

"'没有。'

"'这说明您得癫痫了。要当心,基里洛夫,我
听说,癫痫开始发病时常有这样的症状。……五秒
钟,他就是这样说的,还说超过五秒钟人就受不了。
请回想一下穆罕默德的水罐,当他骑上自己的神驹
遨游天堂之后,他水罐里的水还没来得及流出来。
这水罐就是那五秒钟;它太像您内心的和谐了,而
穆罕默德曾是一个癫痫病患者。要当心,基里洛
夫,这是癫痫!'"①

情感(affect)无法化约为感觉(sentiment),它
具有能量流动和心理印记的双重特征,清晰、明朗、
和谐,尽管是在语言(langage)之外。在此,情感被
异常真实地呈现出来。它不经由语言。如果语言
涉及了情感,那么语言与情感的关联方式也有别于
它与观念(idée)之间的关联。情感(无意识的或有

---

① *Les démons*, *op. cit.*, pp. 619 - 620.[本段引文采用了臧
仲伦的译文(陀思妥耶夫斯基:《群魔》,臧仲伦译,译林出
版社,2002 年,第 727 页)。——译者注]

意识的)的言语化不同于观念(无意识的或非无意识的)的言语化。我们可以设想,无意识情感的言语化并不会使它们进入意识层面(主体并不比从前更清楚他的欢乐或忧伤来自何处、如何到来,也不会将其更改),而是使它们以两种方式运作。一方面,情感将语言秩序重新分配,从而产生一种新风格。另一方面,情感通过人物和行为来展示无意识,这些人物和行为代表着最受禁忌同时也在最大程度上越轨的本能冲动。正如癔症对于弗洛伊德而言是"变形的艺术作品",文学是情感在主体间(人物角色)和语言内部(风格)的一种呈现。

　　或许正是这种与情感的亲近使得陀思妥耶夫斯基具备了这样的看法:与其说人性在于对快乐或者利益的追求(这一想法是弗洛伊德精神分析的基础,尽管后来"超越快乐原则"占据了主导地位),不如说在于渴求给人以快感的痛苦。不同于敌意或暴怒,它不具备那么明显的客体特征,更多是退回自身。在这种痛苦之中,只有身体在暗夜里的自我迷失。这是被抑制的死本能,是被意识的清醒所束缚,从而回到痛苦、无生气的自我身上的施虐倾向:"由于意识的这些该死的规律,我的暴怒遭到了某种化学分解。我还没来得及将对象与我的仇恨区分开来，就发现他已经消失，动机也消失了，罪人不见了，侮辱不再是侮辱，而成了命中注定，就像牙疼，谁都没有错。"①最后，还有对痛苦的辩护，这种痛苦与中世纪的淡漠忧郁症相当，甚至与约伯的痛苦相当："为什么你如此坚定、如此庄重地认为只有正常的、积极的才是必要的，或者说，只有幸福才是必要的？难道理性的估计不会出错吗？或许人并非只爱幸福。难道痛苦不能与幸福一样有利吗？人有时会热烈地爱上痛苦：这是一个事实。……"将痛苦定义为确定的自由，定义为任性，这是典型的陀思妥耶夫斯基的风格："我在这里维护的并非痛苦或幸福，而是我的任性。如有必要，我会坚持让我的任性得到保障。比如轻喜剧里不允许有痛苦，这我知道；水晶宫里也不能有痛苦：痛苦里有怀疑，有否定……痛苦！但这是意识的唯一缘由！……在我看来，意识位列人最大的不幸之中；但我知道人喜欢意识，人不会用任何一种满足来与之交换。"②

　　违抗者，即这位陀思妥耶夫斯基式的"超人"，

---

① *Le Sous-sol*, La Pléiade, Gallimard, Paris, 1955, p. 699.
② *Ibid.*, pp. 713 - 714.

通过为拉斯科利尼科夫（Raskolnikov）的罪行辩护来找寻自我。他并非虚无主义者，而是一个注重价值的人①。他的痛苦证明了这一点，这是对意义的永久追寻的结果。对自己的违抗行为有所意识的

①　在探讨"罪犯及与之相似的人"这一话题时，尼采将拿破仑与陀思妥耶夫斯基联系在一起：这两位天才揭示了一种"尖锐讽刺的存在"（existence catilinaire），它以所有承载价值嬗变的特殊经验为基础。"对于我们关心的问题，陀思妥耶夫斯基的证词有着举足轻重的作用。（顺便说一下，陀思妥耶夫斯基是唯一一个能让我受益的心理学家，他是我有生以来最美丽的邂逅之一。对于我而言，他的重要性甚至超过司汤达。）这个深刻的人有一千个理由来鄙视肤浅的德国人，他在西伯利亚的苦役犯之中生活了很久……"而在 W. Ⅱ. 6. 这一版本中，他写道："典型的罪犯，是一个身处不利条件之中的人，以至于他所有的本能，因着蔑视、恐惧、侮辱的打击而与抑郁的感觉错综复杂地糅合到一起。这也意味着，从生理层面而言，他的本能在退化。"（F. Nietzsche, *Œuvres complètes*, *Le Crépuscule des idoles*, Gallimard, Paris, 1974, pp. 140 et 478.）尽管尼采欣赏陀思妥耶夫斯基对"审美天赋"和"罪犯"的颂扬，但他经常批评陀思妥耶夫斯基让基督教陷入爱情圈套的做法，在他看来，这是一种病态心理：他在《反基督》里指出，和"俄国小说"一样，福音书里也有一种"孩童似的白痴主义"（idiotisme infantile）。尼采在陀思妥耶夫斯基身上看到了他的超人的先驱，我们无法说清这位俄国作家让尼采多么着迷，但我们也需要指出，陀思妥耶夫斯基笔下的基督教让这位德国哲学家感觉非常不适。

人由此而受到惩罚，因为他承受着痛苦："通过承认他的错误。这是独立于牢狱之灾的惩罚。"①"痛苦、疼痛与高度的智慧和伟大的心灵是密不可分的。在我看来，真正的伟人在人世间必须体验巨大的忧伤。"②因此，当尼古拉（Nicolas）承认自己犯下罪行，但同时声称自己无辜之时，波尔菲（Porphyre）认为，在这热忱的自我控诉之中带有古老的俄国神秘主义传统的色彩，这种传统高扬苦难，将苦难视为人性的标志："您知道……赎罪对于这些人而言意味着什么吗？他们并不为某个人而赎罪，不，他们仅仅是渴望忍受痛苦，而如果这种痛苦由权威来施加于他们，那就再好不过了。"③"那就忍受痛苦吧！米科尔卡（Mikolka）想要受苦，这种想法或许是有道理的！"④

痛苦或许是意识的一种现实，（陀思妥耶夫斯基的）意识说：忍受痛苦吧。"造成有意识的我，就是造成忍受痛苦的我，但是我不愿意忍受痛苦，我为什么要忍受痛苦呢？大自然通过我的意识向我

---

① *Crime et Châtiment*, La Pléiade, Gallimard, Paris, 1967, p. 317.

② *Ibid.*, p. 318.

③ *Ibid.*, pp. 514 – 515.

④ *Ibid.*, p. 520.

宣告,存在某种整体的和谐。人类的意识根据这一宣告制造了宗教。……我终归应该服从这个宣告,应该顺从,为了整体的和谐应该承受苦难,应该同意活着。……再说,我为什么应该在我死后还为保存它而那样操心?问题就在这里。最好是我像所有的动物那样被制造出来,也就是活着,但不能合乎理智地意识到自己;我的意识恰恰不是和谐,正好相反,是不和谐,因为意识使我不幸。请看一看,在世界上谁是幸福的,哪些人同意活着?怡怡是那些像动物的人,那些因意识不大发展而接近动物类型的人。"①在这样的视角之下,虚无主义的自杀本身或许就是人的命运的实现,人被赋予了意识,却……失去了爱和宽恕,失去了理想意义,失去了上帝。

痛苦先于仇恨

我们不要急于把这些话语解读为对病态受虐

---

① *Une sentence*, in *Journal d'un écrivain*, La Pléiade, Gallimard, Paris, 1972, pp. 725 - 726.(本段引文采用了张羽的译文[陀思妥耶夫斯基:《作家日记(上)》,张羽译,河北教育出版社,2009 年,第 465 页]。——译者注)

狂的承认。这难道不是意味着仇恨、对他人的毁灭？又或许，它首先意味着将自己处死，意味着人类像象征性的动物一般存活？一种过度的暴力被抑制了，我被自己处死，从而使得主体诞生。从历时的角度看，在某个作为仇恨或情爱攻击对象的他者出现前，我们所处的位置是主体性的下限。然而，正是这一仇恨的抑制使得符号的掌握（maîtrise des signes）成为可能：我说出（或者写出）我的恐惧和我的悲痛。我的痛苦是我的言语、我的文明的替身（doublure），我们可以想象这种恭谦背后的受虐风险，而作家则可以通过操纵物和符号获得欢愉。

痛苦及与之相互依存的反面，即陀思妥耶夫斯基意义上的享受或者"快感"，是断裂的终极表现，这种断裂的发生略早于主体和他者（时间或逻辑上）的自主化。它可能是内部或者外部的生物能量断裂，也可能是由抛弃、惩罚或放逐而导致的象征性断裂。陀思妥耶夫斯基的父亲遭到农民的侮辱，甚至可能被他们殴打致死（一些传记作者这么认为，现在已被否认），其严重程度我们再怎么强调都不为过。痛苦是主体确认自身"特性"的第一次也是最后一次尝试，从而尽可能地接近被威胁的生物统一性和经受考验的自恋。因此，这种情绪的夸

第七章　陀思妥耶夫斯基：痛苦与宽恕的书写

张、这种"特性"的自命不凡的夸大体现了心理的基本状态，它正在某个他者的法律之下建构或者崩塌，虽然他者已经处于支配状态，但是，在与理想自我（moi idéal）密切连接的自我理想（idéal du moi）的注视之下，他在强大的相异性之中仍然被忽视。

痛苦的爱欲化（érotisation）似乎是次要的。只有被整合到指向他者的施虐与受虐侵凌性（agressivité sadomasochique）的潮流之中时，它才会出现。这使它具备了快感和任性的色彩，而整体则可以被合理化为自由或违抗的形而上经验。但是，在逻辑或时间上更早的阶段，痛苦是区分（distinction）或分离（séparation）的终极界限和基本情感。关于这一点，我们还可以加上最新的观察结果：癫痫即将发作时出现的和谐或快乐的感觉不过是想象的事后处理（après-coup），在发作之后，它尝试着以积极的方式来适应痛苦的空白、令人困扰的时刻，而痛苦是由不连续（剧烈的能量释放、发作时象征顺序的断裂）造成的。陀思妥耶夫斯基可能欺骗了医生，在他之后，医生们认为在癫痫患者身上观察到了发作之前兴奋期，而这个中断时刻事实上仅仅以丧失和痛苦的体验为标志，并且这只是依据陀思妥耶夫斯基个人的秘密体验所得出的结论。[①]

我们或许可以认为，在受虐经济学中，断裂的心理印刻被体验为 种创伤或一种丧失。主体将妄想-类分裂暴力压抑或排除，在这样的视角之下，这种暴力可能发生在断裂的痛苦的心理印刻之后。于是，它在逻辑上或时间上退回分离和关联（主体/客体、情感/意义）受到威胁的位置。在忧郁者身上，这种状态表现为：在情感麻痹出现之前，情绪支配了言语化的可能性。

然而，我们或许也可以将癫痫症状视为主体退缩的另一种变体：面对进入妄想-类分裂状态的可能，主体通过动力的释放重新找到了"死本能"无声的表达方式（神经传导断裂、符号联系中断、生命结构失去稳定）。

从这个角度来看，忧郁作为打破象征连续性的情感，以及癫痫作为动力的释放，都是主体对与他者的爱欲关系，尤其是欲望的妄想-类分裂可能性的回避。反之，我们可以将理想化和升华解读为逃离同样的对立，同时宣告退缩及其施虐与受虐矛盾性的一种尝试。在这个意义上，宽恕以及升华超越

[①] 参见 J. Catteau, *La Création littéraire chez Dostoïevski*, Institut d'études slaves, Paris, 1978, pp. 125 - 180。

了厄洛斯而进行去爱欲化。厄洛斯/宽恕这个组合取代了厄洛斯/塔纳托斯(Thanatos)组合,从而使得潜在的忧郁不至于冻结为对世界的情感抽离,而是跨越对他者带有侵凌性和威胁性的关联的表征。如果表征依赖于宽恕的理想和升华的结构,那么正是在表征里,主体才得以形成(而非行动)死本能及其爱欲联系。

陀思妥耶夫斯基与约伯

陀思妥耶夫斯基笔下受苦受难的人让我们想起约伯充满悖论的冒险经历,而约伯的经历恰恰给了作者极大的震撼:"阅读《约伯记》给我带来了病态的亢奋:我停止阅读,在房间里徘徊了一个小时,几乎边踱步边哭……好奇怪,安娜,这是最早打动我的书之一……那时我几乎还是个婴儿。"[①]约伯是

---

① Dostoïevski, *Lettres à sa femme*, t. Ⅱ, 1875－1880, Plon, Paris, 1927, p. 61, 该信件写于 1875 年 6 月 10 日。

关于陀思妥耶夫斯基对约伯的兴趣,可参见 B. Boursov, *La Personnalité de Dostoïevski* (原文为俄语), in *Zvezda*, 1970, n° 12, p. 104:"他因为上帝、因为宇宙而

一个忠于耶和华的富有之人,他突然遭遇了各种各样的不幸——这些苦难究竟来自耶和华还是撒旦?但是,这个"抑郁的人",这个众人嘲讽的对象("我们是在同你说这话吗? 你抑郁了!"①)他之所以伤心,仅仅是因为对上帝十分依恋。哪怕上帝对信徒无情、不公,对不敬虔的人却慷慨大方,也无法使约伯违背他的神圣契约。相反,他一直生活在上帝的注视之下,成了抑郁者对超我依赖的有力证明,而超我带有理想自我的色彩:"人算什么,你(上帝)竟这样看重他?"②"求你放过我,让我欢乐片刻。"③然而,约伯并不欣赏上帝的真正力量("他经过我身旁,我却看不见"④),最后,上帝在这位抑郁者面前重述他所创造的一切,他确认了自己作为立法者,

---

承受痛苦,因为他不想捍卫自然和历史的永恒规律,以至于他有时会拒绝承认那些正在实现的事物其实已经完成。因此,他似乎在反对一切。"(该文后来收录于专著之中,éd. Sovietskii Pissatel, 1979。)

① Job, Ⅳ. 2. (本书中《圣经》的引文均采用当代译本的译文,本句除外,因该引文法语与中文存在较大的出入。这句话当代译本译为"若有人向你进言,你会厌烦吗?",并不包含"抑郁"之意。——译者注)

② Job, Ⅶ, 17.

③ Job, Ⅹ, 27.

④ Job, Ⅸ, 11.

或者说作为可能实现理想化的超我的地位,从而使得约伯重拾希望。这位承受痛苦的人自恋吗?他对自己过于感兴趣,重视自己的价值,几乎将自己视为超验性的内在?但是,在惩罚了约伯之后,耶和华最终对他进行赏赐,并将他置于诋毁者之上。"你们对我的议论不如我仆人约伯说得有理。"①

同样,在基督徒陀思妥耶夫斯基笔下,痛苦——人性的最重要标志——是否提示了人对神圣律法的依赖,以及人与这一律法之间无法补救的差异?关联与错误、忠诚与违抗同时汇聚于伦理秩序之中。在这里,陀思妥耶夫斯基所创造的人物因为圣洁而成为白痴,因为犯罪而成为启示者。

律法与违抗之间必要的相互依存的逻辑对于我们而言并不陌生,癫痫发作的诱因往往是爱与恨、对他者的欲望与排斥之间的强烈矛盾。此外,陀思妥耶夫斯基笔下主人公身上为读者所熟知的双值性(ambivalence)使得巴赫金②在其诗学的基础

---

① Job,XLII,8.

② 参见 M. Bakhtine, *La Poétique de Dostoïevski*, Seuil, Paris,1970。

上提出了"对话性"(dialogisme)这一概念，我们也不禁要问：双值性是否尝试通过话语的安排和人物之间的冲突，来呈现内在于冲动和欲望的两种力量（积极和消极）之间的对立？这种对立不存在某种综合的解决方案。

然而，如果切断了象征性的关联，我们的约伯就会变成基里洛夫，一个有自杀倾向的恐怖分子。梅列日科夫斯基(Merejkovski)[①]将这位伟大的作家视为俄国革命的先驱，这一说法也不无道理。诚然，他害怕革命，他拒绝并谴责革命，但也正是他看到革命悄然来到承受痛苦之人的灵魂里，准备背叛约伯的谦卑，以换取自诩为上帝的革命者狂热的赞美（这就是陀思妥耶夫斯基所谓的无神论者的社会主义信仰）。抑郁者的自恋变成了无神论恐怖主义的狂热：基里洛夫的世界里没有上帝，他取代了上帝的位置。痛苦停止，死亡才得以呈现：痛苦是抵挡自杀和死亡的堤坝吗？

---

① 参见 D. Merejkovski, *Prophète de la révolution russe*, 1906（原文为俄语）。

自杀与恐怖行为

陀思妥耶夫斯基式的痛苦至少有两种解决办法,两种都是致命的——混乱和毁灭的终极面纱。

基里洛夫相信,上帝并不存在。但是,通过对神圣机制的赞同,他试图经由自杀这一否定一切、极度自由的行为,将人的自由提升到绝对的高度。上帝不存在-我是上帝-我不存在-我自杀,这或许就是否定父性或绝对神性的悖论逻辑,这种逻辑却被维持,从而使我能够将其占有。

相反,拉斯科利尼科夫则把他的仇恨转向一个被否定、被诋毁的他者,而不是转向自身,这就像是对绝望的狂热防御。通过无故杀害一个无足轻重的女人,他撕毁了基督教的契约("你要爱邻如己")。他否认了自己对原初客体的爱(他似乎在说"既然我不爱我的母亲,我的邻人也无足轻重,那么我就可以毫无顾忌地将他清除")。经由这一暗含的逻辑,他允许自己完成对周遭和社会的仇恨,因为他感觉自己被周遭和社会迫害。

正如我们所知,这些行为的形而上学意义在于对最高价值的虚无主义的否定,而最高价值也揭示了无力象征、思考、承受痛苦的事实。在陀思妥耶夫斯基的世界里，虚无主义引起了信徒对超验性压迫（écrasement transcendantal）的反抗。弗洛伊德指出，陀思妥耶夫斯基对以下两方面特别着迷（至少是一种暧昧的着迷）：为对抗痛苦所做的某些疯狂的防御；以及一种精致的抑郁，他将其视为书写的必要却又矛盾的替身。尽管这些防御方式显得可鄙，但是道德的沦丧、生命意义的丧失、折磨或恐怖行为在我们这个时代显得如此稀松平常，它们不停地向我们提示这一点。而作家本人则选择了东正教信仰。这种"蒙昧主义"遭到了弗洛伊德的猛烈抨击，但是，归根结底，相比恐怖虚无主义（nihilisme terroriste），它对文明的危害更小一点。与意识形态一同剩下，却又在意识形态之外的，就是书写：一场痛苦而永恒的斗争，从而在毁灭和混乱不可言说的快感边缘进行创作。

宗教或躁狂都是偏执的产物，它们是绝望唯一的抗衡力量吗？艺术创造将它们整合，同时将它们消耗。因此，艺术作品使我们能够与自己、与他人建立一种不那么具有破坏性的、更加舒缓的关系。

无法复活的死亡:末日时间

面对荷尔拜因的《墓中基督》,《白痴》(1869)中的梅什金和伊波利特二人都对基督复活产生怀疑。这具尸体所呈现的死亡如此自然、不可抗拒,似乎没有留下任何救赎的空间。安娜·格里戈里耶夫娜·陀思妥耶夫斯卡娅(Anna Grigorievna Dostoïevskaïa)在回忆录[①]中写道:"这张肿胀的脸上满是血淋淋的伤口,令人恐惧。我当时身体过于虚弱,无法继续看下去,于是我去了另一个展厅。但是我丈夫似乎非常沮丧。这幅画给他留下的强烈印象在《白痴》中有所体现。二十分钟之后,我回来了,他还在那儿,同样的位置,仿佛脚下生了根。他激动的脸上带着一种惊恐的表情,我常常在他癫痫刚开始发作时看到这个表情。我轻轻地拉着他的胳膊,把他带出那个展厅,让他坐在长椅上,随时等着癫痫发作,幸亏他并没有真的发作。他慢慢冷

---

① 参见 A. G. Dostoïevskaïa, *Dostoïevski*, Gallimard, Paris, 1930, p. 173。这份文字讲述的是他们 1867 年在瑞士旅行的经历。

静下来，但离开博物馆的时候，他并没有要求再去看那幅画。"①

被消除的时间笼罩于画面之上，死亡的不可抵抗抹去了任何关于计划、延续性或复活的承诺。末日时间（temps apocalyptique），这是陀思妥耶夫斯基所熟知的：面对第一任太太玛利亚·德米特里耶芙娜（Maria Dmitrievna）的遗体，他曾提及末日时间（"不再有时日了"），这里他参照了《启示录》（X，6）的说法。而梅什金公爵也对罗果仁说过同样的话（"此刻我感觉自己理解那句奇特的话：不再有时日了"）。但是，关于这一时间的中止，他像基里洛夫

---

① 在陀思妥耶夫斯基太太的《日记》中，1867 年 8 月 24/12 日的速记中有这样的记录："在巴塞尔博物馆，费奥多尔·米哈伊洛维奇看了汉斯·荷尔拜因的画。这幅画给他留下了极其强烈的印象。当时他对我说：'这样一幅画会让人失去信仰。'"格罗斯曼认为，陀思妥耶夫斯基可能童年时代就已经听闻了这幅画，因为他阅读了卡拉姆津（Karamzine）的《一个俄国旅行家的书信》（Lettres du voyageur russe）。卡拉姆津在书中指出，荷尔拜因的基督"没有任何神性"。这位评论家还认为，陀思妥耶夫斯基可能也读了乔治·桑的《魔沼》（La Mare au diable），作者在小说里强调了痛苦对荷尔拜因作品的影响。（参见 L. P. Grossman, F. M. Dostoïevski, Molodaïa Gvardia, 1962, et Séminaire sur Dostoïevski, 1923, 原文为俄语。）

一样设想了一个真福的、穆罕默德的版本。对于陀思妥耶夫斯基而言,将时间悬置,也就是将对基督的信仰悬置:"因此,一切都取决于此:我们是否接受基督作为人世间的最终理想。这就意味着,一切都取决于对基督的信仰。如果我们相信基督,那么我们也就相信自己会永生。"[1]然而,面对荷尔拜因画中这没有生命的肉体、这绝对的孤独,我们还能相信什么样的宽恕、什么样的救赎?陀思妥耶夫斯基很困惑,1864 年,面对自己第一任妻子的遗体,他有过同样的困惑。

何为分寸?

忧郁的意义? 不过是一种沉重的痛苦,它无法自我表达,它失去了意义,从而也就失去了生命。这个意义便是分析师试图找寻的非理智的情感。分析师以最大的同情,超越抑郁者变慢的动作和言语,在他们的声调之中找寻,或者将他们失去生气、

---

[1] *Héritage Littéraire*, éd. Nauka, n° 83, p. 174, cité par J. Catteau, *op. cit.*, p. 174.

平淡无奇、破旧不堪的词语（这些词语中已经不含任何对他人的求助）进行切割，以期在音节、碎片以及它们的重组之中找到他者①。在精神分析情境里，这样的倾听需要分寸。

什么是分寸？以宽恕的心态倾听真实。宽恕：给予更多，把重点放在能够更新的点上，从而使得抑郁者（这个将自己困在创伤里的局外人）重新出发，同时赋予他遇见新事物的可能。这种宽恕的重要性在陀思妥耶夫斯基对忧郁的意义所做的阐释中得到了最好的体现：审美活动是一种宽恕，它介于痛苦和行动之间。这里有他所信奉的东正教的印记。事实上，东正教思想贯彻于他作品的始终。也正是这一点——而不是与罪犯想象的共谋关系——使得他的作品引发了陷入虚无主义之中的现代读者的不安。

事实上，现代人对基督教的所有诅咒——直到尼采，同时也包括尼采——都是对宽恕的诅咒。然而，这种"宽恕"被理解成对堕落、衰退和拒绝权力的纵容，它或许不过是我们所建构的没落的基督教的形象。相反，宽恕的重要性——正如它在神学传

---

① 参见本书第二章第79—85页。

统中的运作,正如美学经验为它所做的平反,而美学经验与卑劣同化,从而超越卑劣,为它命名,将它消耗——是心理重生的经济学所固有的。也正因此,它总是出现在精神分析实践善意的面相之中。从这个角度而言,尼采所谴责的帕斯卡尔①笔下"基督教的堕落"是与反对宽恕的偏执狂之间的一场激烈斗争。"基督教的堕落"在陀思妥耶夫斯基美学宽恕的矛盾性之中也得到了有力的体现。拉斯科利尼科夫的经历便是一个例子,他经历了忧郁,经历了否认,最终走向承认,从而获得了重生。

死亡:无力宽恕

宽恕这一主题贯穿于陀思妥耶夫斯基作品的始终。

小说《被侮辱与被损害的人》(1861)一开头便为我们呈现了一具行尸走肉。这副躯体很像死人,

---

① "……帕斯卡尔的堕落,他认为他的理性堕落要归因于原罪,但其实是因为他的基督教信仰。"(*L'Antéchrist*, in *Œuvres complètes*, Gallimard, Paris, 1974, p. 163.)

事实上他已经濒临死亡，这个形象一直萦绕于陀思妥耶夫斯基的想象之中。1867 年，当他在巴塞尔看到荷尔拜因的画作，他的感觉或许是看到了一个老熟人，一个与他关系密切的幽灵："使我感到吃惊的还有他那异乎寻常的瘦弱：瘦得几乎只剩了骨头架子，似乎只有一层皮贴在他那骨头架子上。他的眼睛很大，但两眼灰暗无光，镶嵌在两个蓝色的圆圈里，永远向前直视，从不左顾右盼，而且对任何东西都视而不见——我坚信……'他没来由到米勒这里来干吗呢，他要在这里干什么呢？'我站在街对面，欲罢不能地定睛注视着他，想着。……'他的脑子里到底装着什么呢？再说难道他还能想什么问题吗？'他的脸色是那么死气沉沉，毫无表情。"①

　　这里描述的不是荷尔拜因的画作，而是在《被侮辱与被损害的人》里登场的一个谜一样的人物。这是一个叫史密斯（Smith）的老人，是癫痫女孩内莉（Nelly）的外祖父，一个"浪漫而不理智"的姑娘的父亲。他永远都无法原谅女儿与瓦尔科夫斯基公

① *Humiliés et offensés*, La Pléiade, Gallimard, Paris, 1953, p. 937.［本段引文采用了臧仲伦的译文（陀思妥耶夫斯基：《被侮辱与被损害的人》，臧仲伦译，译林出版社，2021 年，第 4—5 页）。——译者注］

爵(P. A. Valkovski),他们之间的这段关系使得史密斯倾家荡产,同时也摧毁了那位年轻的姑娘以及内莉——她与公爵的私生子。

史密斯身上有一种不愿意宽恕的人身上所特有的刻板而致命的尊严。以他为首,小说里有一系列深受侮辱和损害的人物,他们无法宽恕,直到临死,他们依然以一种极度的热情诅咒那些暴虐的人。这使我们不禁猜想,在死亡的边缘,他们所期待的正是那个迫害他们的人。这也是史密斯的女儿和内莉本人的境况。

小说中还有与之截然相反的另一系列人物:类似于陀思妥耶夫斯基的作家和叙事者,以及伊赫梅涅夫(Ikhméniev)一家,他们的处境和史密斯一家很像,同样是被侮辱和被损害的人,但他们最终选择了原谅,并非原谅厚颜无耻的人,而是原谅年轻的受害者。(后面我们将会论述罪行的时效性,这并不意味着抹杀罪行,而是让得到宽恕的人可以"重走自己的路",届时我们会谈论两者的区别。)

我们且看看无法实现的宽恕:史密斯既不原谅她的女儿,也不原谅瓦尔科夫斯基;内莉原谅她的妈妈,但不原谅瓦尔科夫斯基;妈妈既不原谅瓦尔科夫斯基,也不原谅她易怒的父亲。他们仿佛在跳死神之舞，无法宽恕的侮辱引领着舞步，将这"苦难的自私主义"（égoïsme de la souffrance）引向故事里所有人的死刑判决。　一个隐藏的信息似乎出现了：被判处死刑的是拒绝原谅的人。从这个意义上说，在衰老、疾病和孤独中日渐衰落的身体，所有关于不可抵抗的死亡、疾病和忧愁的身体信号，都提示着无法实现的宽恕。读者于是推断，死去的基督本身或许是一个被想象为与宽恕无关的基督。为了"真正死去"，他没有得到宽恕，也不会宽恕别人。相反，复活则是宽恕的最高表现形式：通过让儿子起死回生，天父与他和解。更重要的是，基督通过复活向他的信徒表明自己不会离开他们：他似乎在说，"我来找你们，请你们明白，我宽恕了你们"。

宽恕不可思议，充满不确定性，如奇迹一般，但是，对于基督教信仰与陀思妥耶夫斯基的美学和道德而言，它又是至关重要的。在《白痴》中，宽恕几乎成为一种疯狂，而在《罪与罚》中它则是扭转局面的关键之所在。

的确，撇开他的抽搐不谈，梅什金之所以是"白痴"，仅仅是因为他身上没有仇恨。他被嘲笑、被侮辱、被蔑视，甚至被罗果仁以死亡威胁，但这位公爵还是选择了宽恕。仁慈在他身上得到了心理和字面意义上的实现:因为承受了太多的痛苦,他将别人的苦难都包揽在自己身上。就好像他已经看见了潜藏于攻击背后的痛苦,于是他绕道而行,他躲到一边,甚至安慰别人。陀思妥耶夫斯基用悲剧和怪诞的力量呈现了他所遭受的专横的暴力,这些遭遇当然会伤害他:想想他对那位年轻的瑞士农妇悲惨经历的同情,这位姑娘遭到了全村的羞辱,而他却教会孩子们去爱她;想想阿拉格娅(Aglaïa)对他幼稚的、充满爱意的恼怒的嘲讽,尽管梅什金看上去天真散漫,但他没有被这些嘲讽所蒙骗;想想纳斯塔西娅·菲利波芙娜(Nastassia Philipovna)对这位没落公爵歇斯底里的攻击,尽管她知道梅什金是唯一理解她的人;或者想想罗果仁在昏暗的旅馆楼道给他的那一刀(普鲁斯特在此看到了陀思妥耶夫斯基像新空间的发明者一般施展自己的才华)。公爵因这些暴力而感到震惊,丑恶伤害了他,恐怖在他身上远远没有被遗忘或抵消,但是他恢复了镇定,他的善意的苦恼表现了一种"主要的智慧"(intelligence principale),正如阿拉格娅所言:"因为虽然您的脑子的确有毛病(我这样说,您当然不会生气,我是用高标准说的),但是您的主要的智慧却高于他们所有的人,这样的智慧,他们甚至连做梦都

没有梦见过,因为有两种智慧:大智若愚和耍小聪
明。对不对?"①这种"智慧"促使他安抚侵犯他的
人,同时也使他所在的群体变得和谐,也正因此,他
在这个群体中不是一个次要元素、"局外人"或者
"废物"②,而是一个谨慎的、不可逾越的精神领袖。

宽恕的对象

　　宽恕的对象是什么呢? 当然是冒犯,所有的道
德和身体上的伤害,归根结底,都是死亡。与性相
关的过错是《被侮辱与被损害的人》的核心,它伴随
着陀思妥耶夫斯基笔下的许多女性角色(纳斯塔西
娅·菲利波芙娜、格鲁申卡、娜塔莎……),它同样
也出现在男性的变态行为之中(例如斯塔夫罗金强
奸未成年人),成为宽恕的主要动机之一。然而,绝
对的恶依旧是死亡,无论苦难中带着怎样的快感,
无论是什么原因导致主人公走向自杀或谋杀,陀思

---

① *L'Idiot*, La Pléiade, Gallimard, Paris, 1953, p. 521.[此
　　处借用了臧仲伦的译文(陀思妥耶夫斯基:《白痴》,臧仲伦
　　译,上海三联书店,2015 年,第 504 页)。——译者注]
② *Ibid.*, p. 515.

妥耶夫斯基都无情地谴责谋杀,即人类有可能带来
的死亡。他似乎没有区分疯狂的谋杀和作为人类
正义所施加的道德惩罚的谋杀。如果需要将二者
加以区分,那么他会选择折磨。在这位艺术家看
来①,疼痛将折磨爱欲化,由此,它在"培养"谋杀和
暴力,因而也使它们更能为人所理解。然而,他却
不宽恕冷酷、不可逆转的死亡,由断头台所导致的
"干净的"死亡:这是"最残暴的酷刑"。"谁说人有
能力承受这样的苦难,而不陷入疯狂?"②的确,对于
一个被送上断头台的人而言,宽恕是不可能的。
"一个被处决的人,在即将被行刑之时,当他已经站
在断头台上,等着被绑到木板上"③,他的面庞让梅
什金想起巴塞尔的那幅画:"基督讲述的正是这种

---

① 痛苦的爱欲化与死刑的否决并行,这让我们想起萨德侯爵
　的类似立场。与陀思妥耶夫斯基同时代的批评家曾不无
　恶意地指出这两位作家之间的相似性。因此,屠格涅夫
　(Tourgueniev)在 1882 年 2 月 24 日写给萨尔蒂科夫-谢德
　林(Saltykov-Chtchedrine)的一封信中指出,陀思妥耶夫斯
　基像萨德一样,"在他的小说中描绘内欲快感",他同时对
　这样一个事实表示愤慨:"俄国的主教为这位超人举行了
　弥撒,为他歌功颂德,这是我们自己的萨德! 我们生活在
　一个怎样怪异的时代?"

② *L'Idiot*, *op. cit.*, p. 27.

③ *Ibid.*, p. 77.

折磨、这种焦虑。"①

　　陀思妥耶夫斯基本人曾经被判处死刑，但被赦免。在陀思妥耶夫斯基关于美和正义的看法之中，宽恕显得如此重要，这是否与最后一刻被中止的那场悲剧有关？他已经想象了死亡，或者可以说经历了死亡，这样的死亡必然激起一种强烈的敏感性，如同我们在陀思妥耶夫斯基身上看到的那样。在这样的死亡之后来临的宽恕真的可以将死亡解除吗——将它抹去，并使得被判刑的人与宣判的一方之间达成和解？或许需要一种巨大的、与抛弃他的权力方和解的冲动（这重新变成了一种合乎愿望的理想），才能使这个原本被判处死刑的人重拾生命，重新建立起与那些失而复得的他人之间的联系？②然而，在这样的冲动之下，已经经历过一次死亡的主体内在忧郁的焦虑依旧难以抚平，尽管他奇迹般

---

① *L'Idiot*, *op. cit.*, p. 27.

② 关于这一点，我们想到陀思妥耶夫斯基与他的总检察官——康斯坦丁·波比耶多诺斯切夫（Constantin Pobiedonostsev）——之间所建立起的父子一般的关系，而波比耶多诺斯切夫代表的是沙皇蒙昧主义的一个独裁者形象。参见 Tsvetan Stoyanov, *Le Génie et son tuteur*, Sofia, 1978。

地复活了……于是,在作家的想象里,无法逾越的痛苦和宽恕的光亮一直交替出现,二者的永恒回归贯穿于他所有的作品之中。

　　陀思妥耶夫斯基的戏剧性想象、他笔下那些纠结的人物暗示了爱与宽恕的困难程度,甚至是不可能性。作者在他的第一任妻子去世之后写下的这段话或许以最凝练的方式表达了这种困扰,它由爱与宽恕的必要性和不可能性之间的矛盾而引发:"爱人如己,像耶稣要求的那样,这是不可能的。在人世间,我们受到了个人律法的束缚? 自我在阻止。"①

――――――

① *Héritage littéraire*,t. 83,1971,pp. 173 - 174,写于1864年4月16日。陀思妥耶夫斯基继续写道:"只有基督能够做到,但是基督是永恒,是人向往、根据自然规律应该要向往的镜像理想。同时,基督以肉体凡胎的样子示现了人的理想之后,人们清楚地认识到,个人的更高和最高发展正应抵达此处……人对自身的个性,对自我完整发展的最高利用方式,在一定意义上是将这个自我消灭,将他完全且狂热地交付给所有人,交付给每一个人。这是至高的幸福。由此,自我的法则(loi du Moi)与人道主义法则(loi de l'humanisme)相互融合,而在自我和所有人的融合之中,他们相互消除,与此同时,每个个体都实现了个人发展的目标。

　　"这正是基督的天堂……

　　宽恕与复活对于作者而言是绝对必要的，这两个主题在《罪与罚》(1866)中体现得淋漓尽致。

从忧伤到罪行

　　拉斯科利尼科夫将自己描述为忧伤之人："听着，拉祖米欣……我给了所有的钱……我感到伤

　　"但是，在我看来，如果达到这个目标时，一切都熄灭了，消失了，也就是说人的生命在这个目标实现之后不再继续，那么达到这个最高目标就是完全荒谬的。因此，存在某种未来的、天堂般的生命。

　　"这样的生命在哪里？在哪个星球，哪个中心？是在那个终极的中心，在宇宙综合体内部，也就是在上帝身上？——我们一无所知。我们只知道未来存在的未来性质的一个特点，未来的存在甚至可能无法被称为人（因此，我们完全不知道未来我们会变成怎样的存在）。"陀思妥耶夫斯基继续设想，在这种乌托邦的综合体里，自我的边界在与他人的爱的融合之中消失了，这或许要通过暂停产生紧张和冲突的性行为来实现："在那里，是一些完全综合的生命，他们永远快乐，永远完满，对于他们而言，时间似乎是不存在的。"无法以爱的名义而为了一个完全不同的存在（« Moi et Macha »）牺牲自我，于是产生了痛苦的感觉和原罪的状态："于是，人必须不断体验痛苦，而这种痛苦会因为律法实现的天堂般的欢愉——即牺牲——而得到平衡。"(*Ibid.*)

心,非常伤心!像个女人……真的……"①而他的母亲也觉得他生性忧郁:"知道吗,杜尼娅(Dounia),刚刚我在看着你们俩;你和他像一个模子印出来的,不是外表像,而是精神上像。你们俩(拉斯科利尼科夫和他的妹妹杜尼娅)都很忧郁、可怜、易怒,都如此骄傲而高贵。"②

这样的忧伤又是如何转变成罪行的呢?在此,陀思妥耶夫斯基触及了抑郁的动力机制里最本质的一面:在自我与他人之间摇摆,将对他人的仇恨投射在自己身上。反之亦然,对自我的贬损也会回到他人身上。到底什么才是最重要的:仇恨还是贬损?我们已经论述过,陀思妥耶夫斯基对痛苦的颂扬让我们看到,他注重自我贬低、自我羞辱,甚至是在早期暴虐超我严厉监督之下的某种受虐倾向。从这个角度而言,罪行是针对抑郁所采取的一种防御行为:谋杀他人可以防止自杀。拉斯科利尼科夫的谋杀"理论"和行为完美地证明了这一逻辑。我们还记得,这位让自己生活得像个流浪汉的凄惨大学生把人"分成平凡的和不平凡的两类":第一类的

---

① *Crime et Châtiment*, *op. cit.*, p. 27.

② *Ibid.*, p. 291.

主要任务是生育,第二类"拥有在他们所属的阶层里说出新奇言论的天赋和才华"。"在第二类中,所有人都违反法律;这是一些破坏者,或者至少可以说是一些依自己的能力来尝试破坏的人。"①他自己属于这第二类吗? 这是这位忧郁的学生通过敢不敢付诸行动来回答的致命问题。

谋杀行动将这个抑郁者从被动和绝望中解救出来,让他面对唯一令人想望的对象。对于他而言,这个对象是法律和师长所代表的禁忌:"像拿破仑一样行动。"②与这个暴虐而又令人想望的法律相对应,同时要被蔑视的,是一样微不足道的东西:一只虱子。这只虱子是谁呢? 是被杀害的人,还是这位忧郁的大学生自己? 他暂时成为谋杀者,在内心深处,他认为自己一无是处、面目可憎。这种混淆持续存在,于是,陀思妥耶夫斯基天才般地强调了这位抑郁的大学生对他所仇恨对象的认同:"那个老太太不过是个事故……我想要尽快恢复激情。我杀死的不是人,而是原则。"③"一切都已就绪,只

---

① *Crime et Châtiment*, *op. cit.*, p. 313.

② *Ibid.*, p. 328.

③ *Ibid.*, p. 328.

需要鼓起勇气！……撼动建筑的地基，将一切摧毁，把一切都送到魔鬼那儿……于是，我，我想要鼓起勇气，我杀了人……我是在深思熟虑之后才采取的行动，也正是这一点把我毁了……又或者，比如我常常寻思：人是不是虱子？对于我来说并不是。只有那些从来不想这类问题、那些浑浑噩噩向前走而从不想问题的人才是虱子……索尼娅（Sonia），我想要杀人而不强词夺理，我为了自己而杀人，仅仅是为了我自己……我当时想知道，想尽可能快地搞清楚：自己是人，还是像其他人一样，也是一只虱子？我想知道我能不能跨越这个障碍。"①以及最后他说："我杀害的是我，是我而不是她，是我自己。"②"说到底，我不过是一只彻头彻尾的虱子……因为我或许比被我杀死的那只虱子更无耻、更卑鄙。"③他的朋友索尼娅也发表了同样的看法："啊！你做了什么？你把自己变成了什么？"④

---

① *Crime et Châtiment*, *op. cit.*, pp. 477－478.
② *Ibid.*, p. 479.
③ *Ibid.*, p. 329.
④ *Ibid.*, p. 470.

母亲和妹妹：母亲还是妹妹

在贬损与仇恨、自我与他人这可逆的两极之间，付诸行动所肯定的并非一个主体，而是一种偏执狂的状态，这种状态将法律和痛苦同时排除。对于这种灾难性的行为，陀思妥耶夫斯基设想了两种解决办法：求助于痛苦和宽恕。这个过程与某种隐蔽的、晦暗的揭示过程并行（或许也正因为后者，这个过程才得以完成），这样的揭示在陀思妥耶夫斯基复杂的叙事里其实是难以捉摸的，但它还是被艺术家和……读者以一种梦游般的清醒觉察到了。

这种"疾病"是微不足道的东西，或者说是"虱子"，它所留下的痕迹都向这位忧郁大学生的母亲和妹妹汇聚。她们是爱的对象，也是恨的对象，她们充满魅力却又令人反感，她们总是在这位凶手行动和思考的关键时刻出现。她们就像避雷针一样，把他模模糊糊的激情吸引到她们身上，但是，或许她们自身就是激情的源头之所在。于是："两个女人急忙向他跑去，但他一动不动，僵住了，就好像突然死去一般；一种突然的、让他难以忍受的想法把他摧毁了。他无法举起胳膊来拥抱她们：'不，不可能。'他的母亲和妹妹紧紧地搂住他,亲吻他,笑着,哭着。他往前跨了一步,身子摇晃了一下,摔到地上,晕过去了。"①"我的母亲,我的妹妹,我曾经多么爱她们! 为什么我现在会恨她们呢? 是的,我恨她们,那是一种生理上的恨。我无法忍受她们在我身边……嗯! 她(他母亲)应该跟我一样……哦! 我多么恨那个老太婆啊! 如果她又活过来,我想我还是会把她杀死!"②拉斯科利尼科夫神志不清时说的这些话让我们清楚地看到,那个堕落的自己、母亲、被他杀害的老太太……已经被混为一谈。为什么会有这样的混淆?

斯维德里盖洛夫(Svidrigaïlov)和杜尼娅之间发生的事情在一定程度上解释了其中的秘密:这个"放荡"的人发现拉斯科利尼科夫谋杀了老太太,而他想要他的妹妹杜尼娅。伤心的拉斯科利尼科夫做好了再次杀人的准备,但这一次,是为了维护自己的妹妹。杀人,犯法,以保护他那无法分享的秘密,那无法实现的乱伦之爱? 他自己几乎是有意识的:"哦! 如果我只是一个人,一个人,没有任何感

---

① *Crime et Châtiment*, *op. cit.*, pp. 243 - 244.

② *Ibid.*, p. 329.

情，如果我不爱任何人，那么一切都不会是这样。"[1]

第三条道路

宽恕似乎是唯一的出路，是介于绝望与谋杀之间的第三条道路。它发生在爱欲启蒙之后，并非作为压抑性激情的理性化行为出现，而是作为对性激情的跨越而出现。这位天使名叫索尼娅，她来自依照启示录描绘的天堂。索尼娅成为妓女是出于对她悲惨家庭的同情和关心，但她终究是妓女。她在谦卑和自我牺牲之中追随拉斯科利尼科夫，来到他服役的地方，苦役犯们称她为"我们温柔的、助人为乐的妈妈"[2]。由此，与慈爱却不忠，甚至成为妓女的母亲和解（尽管她曾经"犯过错"），似乎是与自己和解的一个条件。"自己"最终变得可以接受，因为他不再被置于某个主人的暴虐裁判之下。被他人原谅，同时也原谅他人的母亲变成了一个理想的姐妹，同时也取代了……拿破仑。这个受到羞辱、四

---

[1] *Crime et Châtiment*, *op. cit.*, p. 583.

[2] *Ibid.*, p. 608.

处征战的英雄于是可以得到平静。我们看到故事尾声田园牧歌般的一幕:一个晴朗温和的日子,一片洒满阳光的土地,时间静止了。"在那儿,时间似乎停止了,停在了亚伯拉罕和他的部族的时代。"①尽管还有七年的服刑期,但痛苦从此与幸福相伴:"但是拉斯科利尼科夫重生了,他知道自己重生了,他整个身心都感觉到了。而索尼娅则只为他而活。"②

　　只有当我们忽略理想化在书写这一升华行为里的重要性时,我们才会觉得这个结局是另外添加的。作者通过拉斯科利尼科夫及其他恶魔所呈现的,难道不是他自己的无法承受的剧本吗? 想象是一个奇特的地方,在这里,主体以自己的身份为赌注,他在邪恶、罪行和说示不能的边缘迷失了自己,从而使自己能够从别处超越它们、见证它们。它是一个分裂的空间,坚定地依附于那个允许破坏性暴力自我表达而非行动的理想。这就是升华,它需要宽恕。

────────

① *Crime et Châtiment*, *op. cit.*, p. 611.
② *Ibid.*, p. 612.

处于时间之外的宽恕

宽恕与历史无关。它打破了结果和原因、惩罚和罪行之间的关联,它将行为的时间悬置。在这样的永恒之中,一个奇特的空间开启了,它不是野性的、欲望的、谋杀的无意识空间,而是其反面:是无意识在充分了解事实条件下的升华,是一种充满爱意的和谐,这种和谐并非对暴力一无所知,却依然在别处迎接暴力。面对时间的悬置,面对时间之外的宽恕行为,我们理解了那些只有上帝能够宽恕的人①。然而,在基督教中,罪行和惩罚的中止固然神圣,但它们首先是人的事情②。

我们还需要再次强调,宽恕处于时间之外。它并非古代神话的黄金时代。当陀思妥耶夫斯基设想这样的黄金时代,他借由斯塔夫罗金(《群魔》)、韦尔西洛

---

① 正如汉娜·阿伦特所言:"罗马人饶恕被征服者的原则
(parcere subjectis)是一种希腊人完全不懂的智慧。"见
Condition de l'homme moderne,Calmann-Lévy,Paris,
1961,p. 269。

② 如《马太福音》(Ⅵ,14—15)所言:"如果你们饶恕别人的过
犯,你们的天父也必饶恕你们的过犯。如果你们不饶恕别
人的过犯,你们的天父也不会饶恕你们的过犯。"

夫(Versilov,《少年》)和《一个可笑之人的梦》("Le Rêve d'un homme ridicule",《作家日记》,1877)说出了自己的幻想。他借用了克洛德·洛兰的《阿西斯与伽拉忒亚》。

　　这幅画与荷尔拜因的《墓中基督》形成了鲜明的对照。画作呈现的是年轻的牧羊人阿西斯(Acis)和海中女神伽拉忒亚(Galatée)之间田园牧歌般的爱情,画中的伽拉忒亚处于她名义上的情人波吕斐摩斯(Polyphème)暴怒却短暂流露出驯服的目光之下。这幅画呈现了乱伦的黄金时代,前俄狄浦斯的自恋天堂。黄金时代处于时间之外,因为它在"自恋的世外桃源"(Arcadie narcissique)①之中,沉浸在儿子无所不能的幻想里,从而回避了将父亲置于死地的欲望。斯塔夫罗金这样描绘这幅画给他的感受:"在德累斯顿,在美术陈列馆,有一幅克洛德·洛兰的画,根据该馆收藏目录,似乎叫《阿西斯与伽拉忒亚》,我则一向把这画叫作《黄金时代》,我也不知道为什么……而我梦见的正是这画,不过不是作为一幅画,而是好像一件真实的往事。这是希腊

────────────

①　该说法出自:A. Besançon, *Le Tsarevitch immolé*, Paris, 1967, p. 214。

列岛的一角，而我似乎回到了三千年前。这里碧波荡漾，岛屿星罗棋布，悬崖耸立，海滨繁花似锦，远处是一幅神奇的大海全景，夕阳西下，美丽而迷人……简直非言语所能表达。这里是人类的摇篮，这样的想法让我的灵魂变得无比博爱。这是人间乐园，神从天上降临于此，与人类结合；神话最早的场景便发生于此。这里生活过许多优秀的人！他们日出而作，日落而息，过着幸福的、无忧无虑的生活；绿荫下充满了他们快乐的歌声，他们把异常充沛的、无穷无尽的精力都投入爱和纯朴的欢乐中。我感觉到了，我看到广阔的未来在等着他们，而他们对此却一无所知。想到这些，我的心在微微颤抖。哦！我的心在颤抖，我终于有了爱的能力，我多么幸福！太阳把明媚的阳光洒遍岛屿和大海，为自己的优秀儿女感到高兴。奇妙的梦，崇高的想入非非！幻想，所有存在过的幻想中令人最难以置信的幻想，整个人类把自己的毕生精力都献给了它，为了它，牺牲了一切，为了它，先知们壮烈地牺牲在十字架上，没有它，人们活着也觉得没有意思，甚至死了也毫无价值。……但是那悬崖峭壁，那大海，那夕阳西下时的夕照——这一切，当我醒来，睁开眼睛（我还是生平第一次热泪盈眶）……蓦地，我清楚地看到一只很小的红蜘蛛。我马上想起它就在洋绣球的叶子上，那时候也是夕阳西下，一束斜晖照进了窗户。好像有什么东西刺进了我的胸腔……这就是当时发生的一切！"①

关于黄金时代的幻想其实是对罪过的否认。事实上，在梦里，紧接在克洛德·洛兰的画之后出现的是那只代表悔恨的小虫子——蜘蛛，它把斯塔夫罗金困在某种不幸的意识构成的网络里，他感觉自己受控于某种压抑的、报复性的法律，而他正是通过犯罪来反抗这个法律。梦里，那只代表悔恨的蜘蛛引来了被他强奸后自杀的马特廖莎（Matriocha）的形象。是《阿西斯与伽拉忒亚》还是蜘蛛？是以退行的方式来逃避，还是选择使人产生罪疚感的犯罪行为？斯塔夫罗金仿佛被割裂了。他无法触及爱的调解，宽恕的世界于他而言是陌生的。

斯塔夫罗金、韦尔西洛夫和可笑之人都梦想着黄金时代，而藏在这些面具背后的，是陀思妥耶夫

----

① *Les Démons*, *op. cit.*, pp. 733 - 734.[本段引文采用了臧仲伦的译文（陀思妥耶夫斯基：《群魔》，臧仲伦译，译林出版社，2002 年，第 862—864 页），仅个别与法语版有较大出入的地方略做修改。——译者注]

斯基。但是，在描绘拉斯科利尼科夫与索尼娅之间的宽恕场景时，他没有使用面具：作为艺术家和基督徒，正是他，叙事者完成了《罪与罚》这本小说技巧上奇特的地方——尾声/宽恕部分。拉斯科利尼科夫与索尼娅的故事因为洋溢着田园牧歌般的欢乐和天堂般的光辉，让我们想起了《阿西斯与伽拉忒亚》。尽管如此，他们的故事实际上与克洛德·洛兰的画作或黄金时代并不相关。这个奇特的"黄金时代"事实上处于地狱的中心，靠近苦役犯的板棚。索尼娅的宽恕提示了这个乱伦的恋人的自恋性退行（régression narcissique），但这两者之间又是相互区别的：拉斯科利尼科夫通过阅读索尼娅借给她的福音书里拉撒路的故事，来跨越爱情幸福的停顿。

宽恕的时间既不是追逐的时间，也不是神话山洞的时间，山洞里"有裸露的岩石拱顶，在那里人们既感觉不到炽热的太阳，也感觉不到冬天"①。它是罪行中止的时间，是罪行的指示时间。是这样一种指示：了解罪行，不忘记罪行，但是期待新的开始，

———

① Ovide, « Acis et Galatée », in *Métamorphoses*.

期待这个人的新生,而不对恶视而不见①:"拉斯科利尼科夫走出板棚,来到岸边,坐到码放在板棚附近的一堆原木上,开始眺望宽阔而又荒凉的大河。从高岸上极目四望,周围景色尽收眼底。从遥远的对岸隐隐传来一阵阵歌声。那儿,在阳光普照的一望无际的草原上,星星点点地散布着牧民的帐篷。那儿有自由生活的另一种人,跟在这儿苦度岁月的人完全不一样,在那儿,仿佛连时间都停止了,停在了亚伯拉罕和他的部族的时代。拉斯科利尼科夫坐着,一动不动地凝神眺望着;他的思想渐渐化成幻影,化成内省;他了无所思,但是有一种无名的烦恼使他痛苦,使他平静不下来。

"突然,索尼娅出现在他身旁。她悄悄地走到他身边,挨着他坐了下来。这时还很早,清晨的寒意还没消退。……她快活地、和蔼可亲地向他微微一笑,但是又按照老习惯,怯怯地向他伸出了自己的手。……他自己也不知道这是怎么搞的,但是冷不防仿佛有什么东西把他托了起来,似乎把他抛到

---

① 阿伦特指出,对于圣徒路加而言,希腊语"宽恕"的意思是:"aphienai, métanoein:退回、释放、改变主意、重新开始。" *Op. cit.*, p. 170.

了她的脚旁。他哭泣着抱住她的双腿。在最初一刹那，她简直吓坏了，整个脸吓得面无人色。她从她坐的地方跳了起来，浑身发抖地望着他。但是，就在这同一刹那，她全明白了。她的两眼闪出无限的幸福；她明白了，她已经没有疑问了：他爱她，无限地爱她，这一刻终于来临了。"①

陀思妥耶夫斯基式的宽恕似乎在说：

经由我的爱，我暂时把你排除在历史之外，我把你当作孩子，这意味着我了解你所犯下罪行的无意识机制，并允许你改造自己。为了让潜意识将自己印刻在一个新的故事之中，这个故事不再是死本能在罪与罚的循环里永恒复归，潜意识必须取道于宽恕之爱，将自己移入宽恕之爱。自恋和理想化的精神力量在潜意识中留下印记，并对它进行重塑。因为无意识并非像语言那样结构，而是像所有他者的印记，包括（尤其是）最古老的、"符号学"的、由前

---

① *Crime et Châtiment*, *op. cit.*, p. 611. 关于陀思妥耶夫斯基作品里的对话与爱可以参见：Jacques Rolland, *Dostoïevski. La Question de l'Autre*, éd. Verdier, 1983. ［本段引文采用了臧仲伦的译文（陀思妥耶夫斯基：《罪与罚》，臧仲伦译，重庆出版社，2008 年，第 593—594 页），仅个别地方略做修改。——译者注］

言语的自我感觉（autosensualité préverbale）构成的印记，它们经由自恋或爱恋经验回到自己身上。宽恕对无意识进行更新，因为它将自恋性退行的权利写进历史和言语。

这些印记被修改，它们既不是线性地向前流逝，也不是死亡—复仇重复的永恒回归，而是追随死本能路径和爱—重生路径的螺旋。

宽恕因为爱而中止了历史性的追逐，同时也发现了自恋满足（gratification narcissique）和内在于爱情关系的理想化所特有的再生潜能。因此，它同时考虑了主体性的两个层面：无意识层面通过欲望和死亡将时间停止；爱的层面则将过去的潜意识和过去的故事悬置，并在新的他者关系中开始了人格的重构。有一个人给我以馈赠，让我不对自己的行为做评判，经由这样的馈赠，我的潜意识可以被重新书写。

宽恕并不能将行为洗刷，它在行为之下将无意识解除，使之遇见另一个爱人：这个人不做评判，而是因为爱而倾听我的真相，我因此而重生。宽恕是黑暗的无意识非时间性的光辉阶段：在此，无意识处于时间之外的特性变更了自身的律法，将对爱情的依恋作为他者和自我重生的原则。

美学宽恕

伴随和经由无法接受的恐怖,我们领悟了这样一种宽恕的重要性。我们可以在精神分析的倾听中感受到它,这种倾听既不评判也不计算,而是尝试解结和重构。它的螺旋式的时间性在书写的时间中得以实现。通过向一个新的他者或一个新的理想移情,与我的潜意识分离。正是经由这样的分离,我才能够书写关于我的暴力和绝望的剧本,而暴力和绝望是无法遗忘的。这一分离的时间和潜藏于书写行为之下的重新开始的时间不一定会出现在叙述主题之中,这些主题可能只揭示无意识的地狱。但是,它可能通过尾声的方式呈现出来,正如我们在《罪与罚》里看到的那样:尾声先将浪漫冒险中止,然后又通过新的小说使其复活。罪行并没有被遗忘,而是通过宽恕、通过书写的恐怖来言明,这样的罪行是美的前提条件。在宽恕之外不存在美,宽恕让人想起卑劣,同时又通过爱的话语不稳定、音乐化、重新赋予感觉的符号来对其进行过滤。宽恕是一种美学,那些支持宽恕的话语(宗教、哲学、意识形态)为美学的诞生提供了前提。

这种宽恕一开始就涉及了一种意愿、一种假设或一种模式:意义是存在的。它不一定是对无意义的拒绝,或者为了抵抗绝望所做的狂热吹捧(尽管在许多情况下,这种行为可能成为主导)。宽恕作为一种肯定意义、铭刻意义的做法,自身还带着对意义的侵蚀,带着忧郁和卑劣,它们就如同它的替身一般。宽恕通过理解它们来将其取代,通过吸收它们来将其改变,并使其与另一个人相关联。"存在某种意义":完全的移情行为,它使得第三方为了另一个人而存在,同时也经由这个人而存在。宽恕首先表现为某种形式的运用,它具有付诸实践、行动、制造(poïesis)的效果。将被侮辱与被损害的人之间的关系定型:群体的和谐。将符号定型:作品的和谐,没有注释,没有解释,没有理解。技术与艺术。这种行为"初级"的一面解释了它何以在言语和智慧之外拥有触及情绪和伤痕累累的身体的力量。但是,这种结构里没有任何原始的东西,它所隐含的撤销(Aufhebung)的逻辑可能性(无意义和意义,积极跳跃——其可能的虚无被纳入其中)紧随在主体对奉献理想的坚定选择之后。处于宽恕之中的人——给予宽恕和接受宽恕的人——能够认同一位慈爱的父亲、想象的父亲,也正因此,他已准备好与父亲和解，以获得新的象征法律。

拒绝（déni）是这一撤销或认同性的和解行为的组成部分。在痛苦走向对新的关联——即宽恕以及作品——的肯定的过程中，拒绝带来了一种倒错的、受虐的快感。对否认的拒绝将能指取消，导致了忧郁者空洞的言语[①]；而与对否认的拒绝不同，在这里，有另一种过程在起作用，使想象得以实现。

这是升华所必不可少的宽恕，它使得主体完全认同（真实的、想象的和象征的认同）理想。[②] 这种认同总是不稳定的、未完成的，且总是涉及三个层面——真实的、想象的和象征的，正是由于它的神奇作用，宽恕者承受痛苦的身体（正如艺术家的身体）经历了一种变化：乔伊斯所谓的"变形"（trans-substantiation）。这种变化使其获得了第二次生命，一种关于形式和意义的生命，对于不在其中的人而言，这个生命或许有点狂热，有点做作，但它是唯一能使主体存活的办法。

---

① 参见本书第二章第 73—85 页。
② 关于认同，可参见本人的 *Histoire d'amour*，Denoël，Paris，1983，pp. 30-51。

东方与西方:通过子还是并从子

基督教里宽恕的概念最清晰的来源可以追溯到福音书里的圣保罗[1]和圣路加[2]。和基督教所有的基本原则一样,它随后经由圣奥古斯丁得以发展,到了8世纪大马士革的圣约翰(Jean Damascène)时代才出现"天父的仁慈"(eudoxia)、"温柔的怜悯"(eusplankhna)和"屈尊"(圣子向我们屈尊,synkatabasis)的位格(hypostase)。相反,这些概念可以被解释为对东正教独特性以及通过子(Per Filium)/并从子(Filioque)[3]二者之间分歧所做的准备。

东正教思想在陀思妥耶夫斯基的作品里得到了有力的表达,它为陀思妥耶夫斯基小说所特有的内在体验赋予了情感强度,这种神秘的感染力

---

[1]　《以弗所书》4:32:"总要以恩慈、怜悯的心彼此相待,要互相饶恕,正如上帝在基督里饶恕了你们一样。"

[2]　"由于上帝的怜悯,清晨的曙光必从高天普照我们。"(《路加福音》1:78)

[3]　Per Filium 和 Filioque 为拉丁语,这里涉及了基督教神学的一个重大争议:圣灵究竟从何而出? Per Filium 意为圣灵通过圣子从圣父降临;Filioque 则表示圣灵从圣父和圣子降临。——译者注

(pathos)让西方世界惊叹不已。有一位神学家似乎对东正教信仰产生了深刻的影响,他就是新神学家圣西蒙(Syméon le Nouveau Théologien, 999—1022)[1]。关于这位未接受神学教育的人(agrammatos)皈依基督教的故事是所谓的"圣保罗式"的:"我一直在哭泣,我在寻找你,陌生人,我忘记了一切……然后你出现了,你,看不见的,难以捉摸的……主啊,你似乎一动不动,却又在动,你,永恒不变,却又在变化,你,没有形象,却获得了形象……你闪耀着无与伦比的光芒,似乎整个在我面前出现了,出现在所有事物之中……"[2]圣西蒙将三位一体理解为差异的融合,即三个人的融合,并通过光的隐喻来对其进行阐述[3]。

---

[1] 参见 saint Syméon le Nouveau Théologien, *Œuvres*, Moscou, 1890(俄语)et *Sources chrétiennes*, 51。

[2] Cité par O. Clément, *L'Essor du christianisme oriental*, P. U. F., Paris, 1964, pp. 25 - 26.

[3] "上帝之光、圣子之光和圣灵之光——这三种光是相同的,它永恒,不可分割,没有混淆,它是永存的、有限的、不可估量而不可见的,是所有光的源头"(*Sermon*, 57, in *Œuvres*, Moscou, 1890, t. Ⅱ, p. 46.);"驻于光里的上帝和作为他的住所的光之间并无差别;因为上帝之光与上帝之间没有区别。但他们是一体的,住所和居住者,光和上帝"(*Sermon*, 59, *ibid.*, p. 72.);"上帝是光,无限的光,上帝之

光与位格,整体与示现:这是拜占庭三位一体的逻辑①。在圣西蒙这里,它立即找到了人类学之中的对应逻辑:"正如人不可能有言语或精神却没有灵魂,我们不可能想象没有圣灵的圣子和圣父。……因为你自己的精神和你的灵魂都在你的智慧里,你所有的智慧都在你的话语里,而你所有的话语都在你的精神里,没有分离,没有混淆。这是上帝在我们身上的形象。"②由此,信徒通过与圣子和圣灵的融合而使自己神化:"我感谢你,没有混淆,没有变化,你与我成为同一个圣灵,尽管你是万物之上的上帝,尽管你对于我而言是一切里的一切。"③

在此,我们触及了"东正教的独特之处"。通过

光通过其无差别的、不可分割的本质,通过位格(面相、脸孔)向我们示现……天父是光,圣子是光,圣灵是光,三者是同一种简单的、并不复杂的光,拥有相同的本质、相同的价值、相同的荣耀"(*Sermon*, 62, *ibid.*, p. 105.)。

① "因为三位一体是三个本原构成的一体,这个整体被称为由位格(脸孔、面相)构成的三位一体……这三个位格中没有任何一个先于另一个存在,哪怕只是一瞬间…… 二个面相都没有起源,它们永远共存,拥有相同的本质。"(*Sermon*, 60, p. 80.)

② *Sermon*, 61, *ibid.*, p. 95.

③ « Préface des hymnes de l'amour divin », PG 612, col. 507 – 509, cité par O. Clément, *op. cit.*, p. 29.

制度和政治上的多次争论，它最终导致分裂，这样
的分裂发生于 11 世纪，最终于 1204 年拉丁民族的
君士坦丁堡之围完成。从纯粹的神学层面来说，是
圣西蒙，而不是佛提乌（Photius）确立了与拉丁文化
并从子相对立的东方学说通过子。圣西蒙注重圣
灵，他肯定圣灵里的生命和基督里的生命的同一
性，这一强大的圣灵学的起源在于天父。然而，这
样的父性机制并非仅仅是某个权威原则或者一
种简单的机械原因：在天父处，圣灵失去了它的内
在，而与上帝的国度成为一体，这个国度经由变形
（发芽、开花、营养和爱欲的变形）而被定义。变形
意味着，在通常认为的东方所特有的宇宙能量主义
（énergétisme cosmique）之外，在可命名的边界，与
物公开的性结合①。

---

① "我并非以我自己的名义在说话，而是以（我刚刚找到的）
宝藏的名义在说话，也就是通过我来发言的耶稣基督：'我
是复活，是生命'（《约翰福音》2:25），'我是一粒芥菜种'
（《马太福音》13:31—32），'我是珍珠'（《马太福音》13:
45—46）……'我是酵母'（《马太福音》13:33）。"（Sermon，
89，p. 479.）圣西蒙写道，有一天，在"地狱般的兴奋和涌
动"的状态之下，他向上帝致意，并用"热泪"迎接他的光。
他在自己的经验之中认出了《圣经》里描绘成珍珠（《马太福

在这样的动力机制中，教堂与其说是一个类似君主国的机构，不如说是一种精神体（soma pneumatikon）、一个"谜"。

这三个位格之间令人赞叹的相互认同，以及信徒对三位一体的认同，并非导向圣子（或信徒）的自主，而是使得他们中的每一个都归属于圣灵，这也正是通过子这一说法所表达的意思：圣灵通过圣子从圣父降临。它与并从子（圣灵从圣父和圣子降临）形成对立。

在那个时代，我们不可能为这种内在于三位一体和信仰的神秘运动找到一种合理化的说法。在这一运动中，圣灵在不失去其作为人的价值的情况下，与另外两个位格融为一体，同时又超越其独特的身份或权威的价值，赋予这两个位格一种无法探测、令人眩晕，同时又带着性意味的深度，这种深度

音》13：45 - 46）、芥菜种（《马太福音》13：31 - 32）、酵母（《马太福音》13：33）、活水（《约翰福音》4：6 - 42）、火焰（《希伯来书》1：7 等）、面包（《路加福音》22：19）、婚礼殿堂（《诗篇》18：5 - 6）、新郎（《马太福音》25：6；《约翰福音》3：29；《次经》21：9）……的天国："关于这些无法描述的事物，我们还能说什么呢……这一切，上帝都已安置在我们内心深处，我们无法通过智慧来理解，也无法通过言语来阐明。"（*Sermon*，90，p. 490.）

里带有丧失和狂喜的心理体验。拉康用博洛米结（nœud borroméen）来作为统一性（unité）的隐喻，也作为实在界（le Réel）、想象界（l'Imaginaire）和象征界（le Symbolique）三者之间的区别的隐喻。如果确实有必要将其合理化，我们或许可以借用博洛米结来思考这个逻辑。然而，这似乎并非 11—13 世纪拜占庭神学家的意图，他们更专注的是如何描绘一种新的后古代的主体性（subjectivité post-antique），而不是如何使其受制于现有的情理。相比之下，拉丁教堂里的神父则更多是逻辑学家，他们刚刚发现了亚里士多德（而东方一直受其滋养，并一心想要区别于他），他们将三位一体逻辑化，同时在上帝身上看到了一种简单的二元的精神本质：圣父产生圣子；圣父和圣子作为整体产生了圣灵①。这一关于并从子的论述，在 1098 年巴里（Bari）举行的主教会议上经由坎特伯雷的安瑟莫（Anselme de Cantor-

---

① "圣灵的赐予和差遣，并不意味着这不是他自身之所愿，而是圣灵通过圣子这一位格完成了圣父的美好意愿，就好像这是圣子自身的意愿，因为神圣的三位一体在本性、本质和意志上都是不可分割的，然而，通过位格它被赋予了人的名字：圣父、圣子和圣灵。三者是同一个上帝，他的名字是三位一体。"（*Sermon*，62，p. 105.）

bury)的三段论(syllogistique)提出,随后托马斯·阿奎那又对其进行发展。它的优势在于,它一方面确立了罗马教廷的政治和精神权威,另一方面确立了信徒的理性和自主性,信徒认同圣子,而圣子拥有与圣父同等的权力和威望。通过这样的方式平等获得的,同时也是在表现和历史性层面所获得的,在认同的经验层面和身份的持续不稳定层面而言,或许已经失去。

将东方的三位一体连接在一起的,是差异和身份,而不是自主和平等。这样的三位一体由此也变成了心醉神迷和神秘主义的源头。东正教将超越对立,通过崇拜某种充实感来对其进行培养。在此,三位一体里的每一个人都相互联系、相互认同:爱欲融合(fusion érotique)。在东正教三位一体的"博洛米"逻辑中,信徒的心理空间向狂喜或死亡的最剧烈运动开放,它们最终会融入神圣之爱的统一性之中①。

―――――――――

① 在这三个位格痛苦却又令人愉悦的相互渗透中,自我的个性被感知为生物和社会生活的必要界限,但这又阻止了对他人的爱与宽恕的经验。这里可以参见陀思妥耶夫斯基在他的太太玛利亚去世时所做的关于自我-界限(moi-limite)这一主题的思考(pp. 205 – 206, n. 37)。

我们应该在这样的心理基础之上，去理解拜占庭圣像艺术中表现基督之死和基督受难的大胆想象，以及东正教话语中探索苦难和慈悲的倾向。统一性（各各他山上的基督的统一性，处于屈辱或死亡之中的信徒的统一性）可能会丢失，但是在三位一体的运动之中，它能够在恢复消失与显现这一永恒循环之前，通过仁慈和怜悯得到暂时的稳定。

"我"是圣子和圣灵

在这个意义上，让我们回顾一些神学、心理学和图像学事件。这些事件既宣告了分歧，也宣告了俄国东正教精神，而这正是陀思妥耶夫斯基话语的基础之所在。对于新神学家圣西蒙而言，光与"痛苦的温情"（katanyxis）密不可分，后者通过谦卑和泪水向上帝敞开自己，因为它从一开始就知道自己被宽恕了。此外，圣餐（eucharistie）这一圣灵学的概念，如忏悔者马克西姆斯（Maxime le Confesseur，12世纪）所言，使得人们认为耶稣在被神化的同时也被钉死在十字架上，十字架上的死亡是与生俱来的，是有生命的。由此，画家们开始描绘十字架上的基督:因为死亡是有生命的,这具死去的身体是不腐的身体,可以被教会作为形象和现实保存下来。

从 11 世纪开始,教会的建筑和图像的表现形式变得更为丰富,基督被使徒包围,向他们提供杯子和面包:正如圣约翰·克里索斯托(saint Jean Chrysostome)所言,这是一个"供养同时也被供养"的基督。奥利维耶·克莱蒙(Olivier Clément)指出,马赛克艺术本身使得光、宏伟和恩泽的给予成为必要,而对圣母玛利亚和基督受难的图像描绘又使得信徒认同《圣经》文本里的人物。这种主观主义,在恩泽光辉的照耀之下,在对基督受难的描绘中找到了最重要的一种表达方式:基督像凡人一样受难并死去。然而,画家可以将其呈现,而信徒也能看到,他的屈辱和痛苦都沉浸在圣灵对圣子怜悯的温柔之中。就好像复活使死亡变得清晰可见,同时也变得更加悲怆。基督受难的画面于 1164 年在内勒兹(Nérézi)的一座教堂被加入传统的圣像画之中,这座马其顿教堂由科穆宁王朝(les Comnènes)建成。

然而,拜占庭圣像相对古典或犹太传统的进步后来却停滞了。文艺复兴发生于拉丁世界,除了政治、社会原因,以及外来入侵之外,或许还有其他原因导致东正教绘画艺术过分简化,走向衰落。当然,就东方三位一体的概念而言,它不使个体依附于权威,因此也赋予个体较小的自主权,当然也不鼓励他成为"艺术的个体"。然而,在语言艺术领域,在不那么壮观、更加私密因而更不可控的错综复杂的手法之中,这样的进步还是发生了,尽管有所延迟。其中还附带了对苦难的精雕细琢,尤其是在俄国文学之中。

俄国教会在拜占庭和南斯拉夫(保加利亚、塞尔维亚)的突飞猛进之后姗姗来迟,它突出了圣灵学和神秘主义的倾向。前基督传统是一种异教的、酒神的、东方的文化,它使得传入俄国的拜占庭东正教达到了前所未有的高潮:"赫里斯特派"(khlysty)是一个受摩尼教启发的神秘教派,推崇过度的痛苦和爱欲,从而实现基督与信徒之间的完全融合;地球的神迹(这引发了将莫斯科视为继君士坦丁堡之后的"第三个罗马"的想法,也有一些评论家认为引发了第三国际);对爱与救赎的颂扬,以及基督身上处于痛苦和欢乐结合之处的温柔(俄语为oumiliénié);"受难者"(strastotierptsy)运动,即那些受到羞辱或粗暴对待却以宽恕来回应邪恶的人,是俄国东正教逻辑中最典型、最具体的表达。

离开了这一点，我们就无法理解陀思妥耶夫斯基。他的对话性（dialogisme）和复调（polyphonie）[1]可能有多个来源。我们无法忽略东正教信仰这一来源。其三位一体的概念（广义的圣灵学中三人之间的区别和统一使得所有主体都可以对其矛盾进行最大限度的发挥）不仅启发了陀思妥耶夫斯基的"对话性"，同时也启发了他对痛苦以及宽恕的颂扬。陀思妥耶夫斯基笔下存在一个暴虐的父亲形象，弗洛伊德在其中看到了癫痫和游戏消遣（对游戏的巨大兴趣）[2]的源头。从上述角度而言，为了理解作为艺术家而非神经症患者的陀思妥耶夫斯基，这一暴虐的父亲形象需要与拜占庭三位一体里带着温柔和宽恕的、仁慈的父亲形象进行平衡。

言说的宽恕

作家所处的位置是言语的位置：象征建构将宽恕作为一种情感运动、作为怜悯和拟人化的同情进行吸收，并将其取代。认为艺术作品是一种宽恕，

---

[1]　参见 M. Bakhtine, *Poétique de Dostoïevski*, *op. cit.*。

[2]　参见 S. Freud., « Dostoïevski et le parricide », *op. cit.*。

已经意味着心理上的宽恕（并非低估这种宽恕）转向一种非凡的行为，即命名和创作的行为。

因此，我们只有彻底了解宽恕如何运作和完成，才能明白艺术何以成为一种宽恕。首先要提的是与他人、"人物"以及自己的痛苦和温情在心理和主观上的认同。在陀思妥耶夫斯基笔下，这种认同建立在东正教信仰的基础之上。随后，我们必然要涉及关于宽恕效力的逻辑表述，这样的表述是一种超个人创作（création transpersonnelle）的作品，正如圣托马斯所理解的那样（这次是在"并从子"的框架内）。最后，我们会发现，这种宽恕超越了作品的复调，进入审美表现的唯一寓意，受难成为一种美，因而具有了原乐的意味。这一宽恕-表现的第三个阶段或许是非道德主义的，它又回到了循环运动的起点：回到了痛苦，回到了他人对陌生人的温情。

给予的行为将情感消除

圣托马斯将"上帝的怜悯"与他的正义关联起来①。他强调，"上帝的正义关乎他存在的准则

---

① Questions 21, *Somme théologique*, 1ʳᵉ partie.

(convenance),依据这样的准则,他将自己应得的还给了自己"。随后,他又尝试确立这一正义的真理,认为"符合智慧概念的,它的律法"即真理。至于怜悯本身,他不忘提及大马士革的圣约翰富有鲜明的人类学和心理学色彩的观点:后者"称怜悯为一种忧伤"。圣托马斯则认为,怜悯不是一种"使上帝受到触动的感情(sentiment),而是……他所调节的一种效果(effet)"。"因此,当涉及上帝时,关乎他人苦难的忧伤不会介入;但是消除这样的苦难对于他而言是十分适合的,苦难是一种缺失(manque)、一种不足(défaut),这种缺失和不足可以是任何性质的。"①怜悯通过填补这样的缺失以期达到完美,它或许是一种赠予(donation)。"像基督赐予你们一样,彼此相赠。"(我们也可以理解为:"请给予彼此恩赐"或"请互相宽恕"。)宽恕弥补了缺失,这是一种额外的、免费的赐予。宽恕既不是正义也不是非正义,它或许是一种超越了审判的"完全的正义"。也正因此,圣雅各才说:"怜悯胜过审判。"②

---

① Questions 21, *Somme théologique*, 1ʳᵉ partie. 字体强调为本书作者所加。

② 转引自 Saint Thomas, *ibid.*。

人类的宽恕的确无法等同于神的怜悯,但它尝试着对其进行模仿:作为一种凌驾于审判之上的赠予,宽恕的前提是对怜悯的神性的潜在认同,这种怜悯是圣托马斯所谈论的实在且有效的怜悯。尽管如此,与尝试摆脱忧伤的神的怜悯不同,宽恕在走向他者的道路上承担了人的悲伤。宽恕一方面承认作为其源头的缺失和创伤,另一方面又通过一种理想的赠予来将其填补:承诺、计划、巧计,由此将被侮辱与被损害的人安顿于完美的秩序之中,并保证其一定会抵达这样的完美秩序。简而言之,爱超越了审判,将忧伤呈现,忧伤被理解、被倾听、被呈现。我们可否自我宽恕? 因着有人倾听我们,我们可以在某种理想的秩序之中直面我们的缺失和创伤,我们必将抵达这一理想的秩序,由此我们便不再抑郁。但是,如果不再一次经历对这一完美无缺的理想、对作为我们安全感的原始保证的父爱的认同,我们如何确定自己能够经由缺失而抵达这一理想秩序?

书写:不道德的宽恕

创造文本或进行阐释的人比任何人都强烈地

被这一超越了情绪发泄的托马斯主义式的怜悯所吸引,它是合乎逻辑且积极的。他坚持行为之中正义的价值,更坚持行为的正确性。正是通过使言语与同情心相符,主体对宽恕理想的坚持才得以实现,对他人和自己的有效宽恕才成为可能。在情感和行为的边界,书写只有在对情感进行否认之时才会产生,从而使符号的有效性得以实现。书写使得情感成为效果:圣托马斯或许会称之为"纯粹的事实"(actus purus)。书写传达了情感,而没有将其压抑,它为情感提供了一种升华的方式,它将情感转变成第三种关联,这种关联是想象的、象征的。因为书写是一种宽恕,是改变、转化和表达。

由这一刻开始,符号世界确立了自己的逻辑。它所带来的欢愉(既是表现层面也是接收层面)断断续续地抹去了理想以及外部正义的所有可能性。陀思妥耶夫斯基很清楚,不道德是这一过程的必然命运:书写不仅在一开始(在前文、在对象之中)便部分地与恶相关联,而且在结束时,在它排除了所有其他事物的绝对主义中也与恶有关。或许正是因为意识到美学效果被封闭在一种没有外在的激情之中(由于一种想象的自我消耗,由于被美所控制而导致死亡或快乐的封闭的风险),陀思妥耶夫斯基才如此强烈地依附于他的宗教、他的原则——宽恕。一个三重运动的永恒回归就这样开始了：与痛苦交织的温柔，作品的逻辑正义和正确性，绝对作品（œuvre absolue）的实质及其苦恼。然后，为了自我宽恕，又一次上演宽恕的三重逻辑……难道我们不需要它来为忧郁赋予一种鲜活的、爱欲的、不道德的意义吗？

第八章　痛之疾：杜拉斯

"痛苦是我生命里最重要的东西之一。"

——《痛苦》

"我告诉他，我童年的梦境里充满了母亲的不幸。"

——《情人》

关于末日灾难的白色修辞

作为异质的文明，我们已经知道，自己终有一死，正如瓦莱里（Valéry）在 1914 年之后所声称的①。我们还可以自我毁灭。奥斯威辛和广岛向我们揭示了这样一个事实："死亡的疾病"，正如杜拉斯所言，是我们内心最为隐蔽的角落。如果军事和经济领域，以及政治和社会关系都被死亡的激情所支配，那么，这样的激情似乎已经统治了曾经高贵的思想领域。的确，一场可怕的思想和言语危机、表征的危机已经出现，我们可以在过去的几个世纪中看到类似的情形（罗马帝国的崩塌和基督教的兴起，鼠疫或中世纪毁灭性的战争年代……），也可以

---

① 参见 « La crise de l'esprit », in *Variétés*，I，Gallimard，Paris，1934。

在经济、政治和司法的失败之中找到这些危机产生的原因。然而,破坏性力量从未像今天这样,在个体和社会的内部与外部显得如此不容置疑、无法抵挡。与自然、生命和财产的破坏相伴的,是某些混乱的再次爆发,或者说是一种更为明显的呈现,精神病学已经将这些混乱诊断为:精神病、抑郁、躁狂、边缘型人格障碍、虚假人格等。

正如可怕的政治和军事灾难以其残酷的暴力(集中营或原子弹)向思想发出挑战,心理身份的爆炸同样激烈,同样难以捉摸。对此,瓦莱里早已表达了内心的震撼,他将这一精神灾难(它产生于第一次世界大战之后,再往前可追溯到"上帝死了"引发的虚无主义)比作物理学家"在一个炽热燃烧的炉子"里所观察到的现象:"如果我们的眼睛能够存在于其中,那么它将什么也看不到。不可能存在任何亮度上的差异,空间里的各个点无法被辨识。这种被封闭的巨大能量将导向不可见,导向无法辨识的均等(égalité insensible)。而这样的均等恰恰就是处于完美状态中的混乱。"①

---

① 参见 « La crise de l'esprit », in *Variétés*, I, Gallimard, Paris, 1934, p. 991。字体强调为本书作者所加。

由此，文学和艺术的关键点之一便处于这种危机的不可见之中，这一危机撼动了人、道德、宗教和政治的同一性，它既是宗教的，也是政治的，在表意的危机中得到了根本的体现。从此，命名的困难不再通向"文学里的音乐"（马拉美和乔伊斯是信徒，也是唯美主义者），而是通向无逻辑和沉默。超现实主义是一个有趣的插曲，但它依然采取政治上介入的态度。在此之后，第二次世界大战通过死亡和疯狂的爆发给意识带来了沉重的打击，没有任何意识形态或审美意义上的堤坝能够遏制这种爆发。这是一种压力，它已经在精神痛苦之中产生了深刻且无法避免的影响。它被感知为一种无以抗拒的紧急状况，同时又是不可见、无法表征的。在何种意义上呢？

当我们尝试捕捉痛苦和心理死亡那细微的转弯抹角的表达时，或许还有可能谈论"虚无"（rien），但是，面对毒气室、原子弹或古拉格（goulag）时，摆在我们面前的，是否依然是虚无？无论是"二战"中堪称"壮观"的大规模死亡，还是意识身份和理性行为的瓦解（它们在精神病的疯狂表现中宣告失败，而这些表现同样"壮观"），这些都不曾成为我们争论的对象。这些骇人听闻、让人痛苦的场景所损害的，是我们的感知和表征系统。我们的象征机制被掏空，仿佛被一个过于强大的浪潮所淹没或摧毁，几乎被毁灭、被石化。"虚无"一词出现在了沉默的边缘，这是面对外部和内部无法估量的混乱所采取的一种谨慎的防御。从未有一场灾难如此夸张，仿佛世界末日一般，而呈现灾难的象征手法也从未如此无力。

某些宗教流派认为，只有沉默能与这样的恐怖相称，认为死亡应从鲜活的言语中抽离出来，它只能在某种近乎忏悔的忧虑的裂缝和不言（les non-dits）之中被间接提起。在这样的道路之中，犹太文化吸引了诸多目光（我们且不称其为"调性"），它揭示了整整一代知识分子面对战争前期的反犹太主义以及与纳粹的合作的罪咎感。

一种关于末日灾难（apocalyse，从词源学来看，apocalypso 意为通过目光来展示、来去除遮盖，它与aletheia——哲学意义上对真相的揭示——相对立）的新修辞成为必要，由此才能出现关于这一残暴的虚无的视角，这种残暴使人失去理智，同时又让人保持沉默。这种关于末日灾难的新修辞经由两个看似对立实则相互补充的极端而得以实现：图像的泛滥和言语的克制。

一方面，图像艺术擅长如实地揭示残暴；无论如何精炼，电影依然是关于末日灾难的最高艺术，因为图像，正如圣奥古斯丁（saint Augustin）[1]所看到的那样，有"使我们行走于恐惧之中"的力量。另一方面，言语和图像艺术是"对其源头的不安而无尽的追寻"[2]。从海德格尔到布朗肖（Blanchot）、荷尔德林（Hölderlin）、马拉美，再到超现实主义者[3]，我们发现诗人——在现代社会，诗人或许已经因政治支配而被边缘化——重新回到了他的领地，即语言，并展示他的潜能，而不是天真地攻击某个外在对象的表征。忧郁成为一种新修辞的隐秘动力：这一次要做的，是一步一步地追踪苦恼，绝不尝试去克服它，这种追踪几乎是临床意义上的。

在图像与言语的二分法之中，需要依靠电影来

---

① "尽管人徒劳地担忧，他依然行走在图像之中。"（Saint Augustin, « Les images », *De la Trinité*, XIV, IV, 6.）

② 参见 Maurice Blanchot, « Où va la littéture ? », in *Le Livre à venir*, Gallimard, Paris, 1959, p. 289。

③ 罗杰·凯卢瓦（Roger Caillois）主张文学之中"探索潜意识的技术"："关于抑郁、错乱、焦虑、个人情感经验的汇报，这些汇报可以附带评论，也可以不带评论。"参见 «Crise de la littérature », *Cahiers du Sud*, Marseille, 1935. 字体强调为本书作者所加。

呈现恐怖的粗暴或者快感的外部图示，而文学则是在思想的危机之中进行内化，并从外在世界抽离出来。战后的现代文学在其自身的形式主义之中被颠覆，也正因此，相比存在主义的热情介入和具有个人自由主义色彩的青春爱欲，它显得更为清醒，它选择了一条更加艰难的道路。战后文学对不可见的追寻，或许源自通过最为精确的词语来如实记录恐怖之强度的决心。这种追寻变得难以察觉，并逐渐变得非社会，情感不外露，同时，也因其反对奇观化而显得无趣。媒介艺术和新小说正体现了这样的两端。

笨拙的美学

玛格丽特·杜拉斯的经验似乎并非布朗肖所期望的"朝向作品本源的作品"，而是对瓦莱里所谓的"虚无"的一种直面：第二次世界大战的恐怖在不安的意识之中又强加了这样的"虚无"。此外，还有独立于上述不安意识同时又与之并行的，生物学、家庭以及他人的秘密冲击所带来的个体心理上的不适。

杜拉斯的书写并非通过在文字背后的音乐或叙事逻辑的瓦解之中寻找源头来进行自我分析,如果说确实存在对形式的追求,那么这种追求也从属于与沉默——自己以及这个世界对恐怖所采取的沉默态度——的对抗。这种对峙一方面把她引向一种笨拙(maladresse)的美学,另一方面则引向一种非净化的文学(littérature non cathartique)。

文学的过度修辞,甚至日常言语中常见的修辞,总是在一定程度上带着喜庆的味道。如果不停止这修辞的欢庆,不将它扭转,使它发声,让它变得拘谨、变得蹩脚,如何才能言说关于痛苦的真相?然而,这些冗长的、缺乏音律美感的句子却富有魅力,句子的动词似乎忘记了主语("她的优雅,在一静一动之中,塔佳娜说道,让人不安"[1]),或者在宾语或形容词的位置,句子戛然而止,似乎喘不过气来("然后,她继续保持沉默,又开始要吃的,让人开窗,困意"[2],以及"这是最后的明显事实"[3])。

我们常常会在某个分句里读到最后一刻突然

---

[1]　参见 Marguerite Duras, *Le Ravissement de Lol V. Stein*, Folio, Gallimard, Paris, 1964, p. 15。

[2]　*Ibid.*, p. 25.

[3]　*Ibid.*

添加进来的一系列词,这是我们始料未及的,然而正是这些最后添加的内容为句子带来了内涵,带来了惊喜("……他喜欢没有完全长大、神情忧伤、无羞无耻、无声无息的小姑娘。"①"他们的结合建立在冷漠的基础之上,以一种笼统的、他们短暂感觉到的方式,所有的偏好都被排除了。"②)我们也常常读到一些深奥的、带有最高级意味的词语,又或者与之相反,一些过于平常、过于陈旧的词语表达出一种僵硬、造作和病态的浮夸:"我不知道。我只知道一些东西,关于生活的静止不变。于是,当这样的静态被打破,我就会知道。"③"当你哭泣,你仅仅是为自己哭泣,而不是为跨越将你们分开的差异去找寻她的美妙的不可能性(admirable impossibilité)而哭泣。"④

这并不是一种被言说的话语(discours parlé),而是一种由于被击溃而过度修饰的言语,就好像一

---

① 参见 Marguerite Duras, *Le Ravissement de Lol V. Stein*, Folio, Gallimard, Paris, 1964, p. 30.

② *Ibid.*, p. 60.

③ *Ibid.*, p. 130.

④ 参见 Marguerite Duras, *La Maladie de la mort*, Éditions de Minuit, Paris, 1982, p. 56。

个女人不化妆或者不穿衣服,并不是她不修边幅,而是她为某种无法治愈的疾病所迫。疾病带来许多快感,而这样的快感会形成诱惑,发出挑战。然而,或许也正因此,这种扭曲的言语听起来极不寻常、出乎意料,而且充满痛苦。一种艰难的诱惑将你引向角色或叙事者的脆弱,引向虚无,引向没有悲剧性高潮也没有美感的疾病的无法言明之中。那是一种只剩下紧张的痛苦。风格上的笨拙或许是关于衰弱的痛苦的话语。

　　电影弥补了言语的这种沉默或珍贵的夸张,弥补了言语的欠缺(它仿佛行走于痛苦的钢绳之上)。诉诸戏剧化的呈现,尤其是诉诸电影图像,自然而然会导致大量的无法控制的联想,语义和情感的丰富或是贫乏取决于观众。如果说影像确实无法修复言语风格上的笨拙,它却将这种笨拙淹没在不可言说之中:"虚无"变得无法确定,沉默让人浮想联翩。即便电影能由编剧来掌控,它依然是一种集体的艺术。电影在作者简洁的指示(作者不断地保护文本中隐藏于越来越难以捉摸的情节里的病态秘密)之上又增加了一些蔚为壮观的因素和组合。这些因素和组合来自演员的身体、姿态和声音,来自布景、灯光、制片人以及所有参与放映的工作人员。

杜拉斯利用电影来消耗其惊人的力量,她将这样的力量淹没于省略的词语和带有暗示性的声音之中,由此,不可见之处也变得让人头晕目眩。她使用电影,还因为电影具有十足的魅力,这种魅力对于文字的收缩而言是一种补救。通过这样的方式,电影人物的诱惑力倍增,经由银幕上的表演,他们隐性病态的传染力得到削减;影像化的抑郁似乎变成了一种陌生的技巧。

于是,我们明白,不应让脆弱的读者阅读杜拉斯的文本,而应让他们去观看她的电影和戏剧。他们会在其中看到同样的痛苦之疾,但是,这种痛苦是经过处理的,带有一种梦幻般的魅力,这种魅力使得痛苦被减弱,显得更加人为和不真实:一种程式。与之相反,文本则让我们直接触及疯狂。它并非从远处展示疯狂,并非对疯狂进行观察或分析,从而能够隔着一段距离承受疯狂,以期某天,无论是否愿意,能够找到出路……恰恰相反,文本将死亡的疾病驯服,二者实为一体。杜拉斯的文本完完全全处于死亡的疾病之中,没有距离,没有空隙。在这些贴近死亡的小说的出口处,我们看不到任何的净化,看不到改善,看不到关于彼世的承诺,甚至看不到风格上的迷人之美,或反讽的迷人之美,这种反讽在被揭示的邪恶之外构成了一种附加的快感。

净化的缺失

没有治愈,没有上帝,没有价值,也没有美,有的只是被困于其本质的断裂处的疾病本身,或许,艺术从未像这样被剥夺净化作用。或许,也正因此,它更多属于巫术和魔法的范畴,而非传统意义上与艺术天赋相关联的恩典和宽恕的范畴。一种与痛苦和死亡的疾病之间的阴暗而又轻飘(因为心不在焉)的共谋关系显现于杜拉斯的文本之中。它促使我们观照我们的疯狂,审视意义、人与生命同一性崩塌的危险边缘。"显露无遗的神秘",这是巴雷斯(Barrès)在评价克洛德·洛兰的画作时所用的字眼。而在杜拉斯那里,我们看到的是显露无遗的疯狂:"我理智清醒地疯了。"[1]我们面对着意义和情感的虚无,清醒伴随着它们走进消亡。我们见证了

---

[1] 参见 Marguerite Duras, *L'Amant*, Éditions de Minuit, Paris, 1984, pp. 105 - 106。

自身的苦恼在某种精神麻木的无足轻重之中消失，没有悲伤也没有热情，而这种精神麻木是痛苦或狂喜的最小标志，同时也是终极标志。

克拉丽丝·李斯佩克朵（Clarice Lispector）也提倡一种对痛苦和死亡的揭示，它不同于宽恕的美学。她的《黑暗中的苹果》（*A Maçã no Escuro*）①似乎与陀思妥耶夫斯基的小说完全对立。和拉斯科利尼科夫一样，李斯佩克朵笔下的主人公同样也杀了一个女人（但这次被杀死的是他的妻子）。他后来遇到了另外两个女人，二者分别代表精神和肉欲。虽然她们使他远离了谋杀，正如《罪与罚》中的索尼娅，但她们并没有拯救他，也没有宽恕他。更为糟糕的是，她们将他交给了警察。这个结局既不是宽恕的反面，也不是一种惩罚。命运无法违抗的平静降临于主人公身上，小说在一种无法逃避的温情之中结束，这种温情或许是女性化的，这不禁让人想起杜拉斯洞穿一切的语气，那是对笼罩于主体

---

① 参见 Clarice Lispector, *Le Bâtisseur de ruines*，trad. Franç. Gallimard，Paris，1970。[小说葡萄牙语名 *A Maçã no Escuro* 意为"黑暗中的苹果"，法语则采用《废墟重建者》（*Le Bâtisseur de ruines*）为题，与原文存在较大出入。——译者注]

身上的悲痛的无情映照。李斯佩克朵所呈现的世界有别于陀思妥耶夫斯基,它并非一个宽恕的世界,但是,主人公之间依然存在一种共谋关系,即便分离,他们之间的关联也依然存在,一旦小说结束,这些关联就形成了一个友好而不可见的环境①。又或者,这样的幽默贯穿了作者所书写的凶残故事,它超越了对邪恶的阴郁表现,具有一种净化的作用,使读者从危机中解脱。

然而,上述一切在杜拉斯笔下都不存在。死亡和痛苦是文本的罗网,抵挡不住文本魅力的读者将成为共谋,承担不幸:他可以真正地停留其中。瓦莱里、凯卢瓦或布朗肖所谓的"文学危机"在此达到了顶点。文学既不是自我批评,也不是批评,不是一种巧妙地混合了男与女、实与虚、对与错的普遍化的模棱两可,在这样一场幻灭的盛宴之中,某种

---

① "他们二人都避免看着对方,感觉到自己进入了更为宽广的元素之中,这种元素有时能够成功地在悲剧中得到表达,……由于刚刚又创造了宽恕的奇迹,这种寒酸的场面让他们感到窘迫,他们都尽量避免对视,感觉很不自在。有那么多缺乏美感的东西需要宽恕。但是,尽管荒唐,尽管经过了修修补补,对复活的模仿还是发生了。这些事情看似不会发生,却真实发生了。"(*Le Bâtisseur de ruines*, *op. cit.*, pp. 320 - 321.)

相似物（semblant）在某个不可能的对象或某个无法追踪的时间的火山上舞蹈……在此，危机使得书写停留在所有意义的扭曲之下，它同时也坚持对疾病的揭露。这样的文学不具有净化作用，它遇见、承认并传播了恶，而正是恶将它调动了起来。它是临床话语的反面——它与之相近，却享有疾病附属的益处，它培养、驯服疾病，却从不将其耗尽。经由这种对不适（malaise）的忠诚，我们明白，在电影的新浪漫主义之中，或者在对传递意识形态或形而上学的信息和思考的关注之中，可以找到一种替代方案。处于《毁灭，她说》（*Détruire, dit-elle*，1969）和将爱与死亡这一主题进行极度浓缩的《死亡的疾病》（*La maladie de la mort*，1982）之间的是：13年的电影、戏剧创作和解释[①]。

在《情人》（1984）中，爱欲的异国情调取代了因心照不宣的死亡而变得疲惫不堪的存在和言语。杜拉斯笔下不断出现的痛苦而致命、自觉而克制的激情在此展露无遗（"她可以回答说她不爱他。她什么都没说。突然，她明白了，就在那里，在那一

---

① 杜拉斯创作了19部电影剧本、15部戏剧剧本，其中3部为改编作品。

刻,她明白他并不认识她,他永远不会认出她,他无法了解如此多的反常行为"①)。但是,社会和地理层面的现实主义、关于殖民地苦难和占领时期动荡的新闻报道式的叙事、母亲的失败和仇恨的自然主义将卖淫少女美妙而病态的快感重重包裹,少女沉溺于富有的成年中国男人哀怨的肉欲之中。这一切带着忧伤的色彩,同时又带着一个专业叙述者不屈不挠的印记。在这里,女性的享乐依然是一个无法实现的梦,它被锚定在某种地方色彩之中,锚定于一个故事之中。诚然,这个故事很遥远,但是第三世界的闯入以及家庭内部厮杀的现实使它显得如此真实,它离我们异常地近,和我们的关系异常地密切。在《情人》里,痛苦获得了一种新浪漫主义的、历史和社会的共鸣,这也正是它在媒体上获得成功的关键之所在。

或许并非杜拉斯所有的作品都遵从这种对疯狂的苦行般的忠诚,这种忠诚在《情人》之前已经存在。不过,它在某些文本之中表现得尤为突出。

---

① *L'Amant*, *op. cit.*, p. 48.

爱的广岛

因为广岛事件真实发生过，所以不可能有什么人为的技巧。无论是面对原子弹爆炸的悲剧性或和平主义技巧，还是面对情感伤害的修辞性技巧。"我们唯一能做的，就是探讨谈论广岛的不可能性。对于广岛的认知被先验地视为典型的精神圈套。"[1]

亵渎，是广岛本身，是这一致命的事件，而不是它的后果。杜拉斯的文本尝试"打破用恐怖来描述恐怖的手法，因为日本人自己已经这样做了"，尝试"将这样的恐怖印刻在爱情里，从而使它在灰烬之中重生，而这样的爱情必然是独特而又'令人赞叹'的"[2]。核爆炸渗透进爱情之中，它毁灭性的暴力使爱情变得不可能，却又充满非凡的爱欲色彩，那是一种被谴责却富有神奇吸引力的爱情：埃曼纽尔·莉娃（Emmanuelle Riva）在某次激情巅峰之时所扮演的女护士同样极富吸引力。小说和电影都不是

---

[1] 参见 Marguerite Duras, *Hiroshima mon amour, synopsis*, Folio, Gallimard, Paris, 1960, p. 10。

[2] *Ibid.*, p. 11。

以原定的蘑菇云开场,而是以一对相拥恋人的身体碎片开场,那或许是一对垂死的伴侣。"在他们身上,我们看到了残缺不全的躯体——从头部和腰部被截去——在动——因为爱情或因为垂死——上面相继覆盖了灰烬、露水、原子弹带来的死亡——和情欲满足后的汗水。"①爱情比死亡更为强烈?或许是吧。"依然是他们个人的故事,尽管短暂,却胜过广岛事件。"但或许不是。因为,他来自广岛,而她则来自内韦尔。在那里"她曾经疯过,因为恶意而发疯"。她的第一位恋人是个德国人,他在光复时期被杀死,而她被剃了光头。她的初恋被"愚蠢的绝对和恐怖"扼杀。然而,广岛的恐怖却在某种意义上将她从法国的悲剧中解救出来。原子武器的使用似乎证明,恐怖并不指交战双方中的某一方,它既没有阵营也没有派系,但它具有绝对的杀伤力。这种对恐怖的超越让这位处于爱恋中的女人从不必要的罪咎感中解脱出来。从此,年轻女人带着她"无处安放的爱"四处游荡,直到广岛。两位主人公之间的新恋情产生于他们自认为幸福的婚

---

① 参见 Marguerite Duras, *Hiroshima mon amour, synopsis*, Folio, Gallimard, Paris, 1960, pp. 9 - 10。

姻之外——那是一种强烈、动人而真实的爱。然而，他们的爱情同样也将被"扼杀"：双方身上都隐藏着一场灾难，一边是内韦尔，一边是广岛。在无言的沉默之中，无论多热烈，爱从此都将被悬置、碾碎、摧毁。

爱对于她而言，是爱一个已经死去的人。新恋人的身体与初恋的尸体混同了起来，她曾趴在那具尸体上，一天一夜，她曾尝过他的血。激情由于日本恋人所带来的对不可能的偏好而被强化。尽管杜拉斯在剧本说明里强调他国际化的一面，强调他西方化的面庞，但他依然是一个他者（我们暂且不说他来自异国），他来自另一个世界，来自彼世，以至于他的形象与那位她所爱的、在内韦尔死去的德国人的形象融为一体。但是，这位活力十足的日本工程师同样被打上了死亡的烙印，因为他身上必然带有原子弹所带来的死亡的道德印记，他的同胞是第一批受害者。

承担了死亡重负的爱还是死亡之爱？变得不可能的爱还是对死亡的恋尸癖般的激情？我的爱人来自广岛，又或者：我爱广岛，因为它的痛苦是我的爱欲（éros）？《广岛之恋》（*Hiroshima mon amour*）维持了这种模糊性，这或许是爱情的战后版本。除非爱情的这一历史版本揭示了相爱至死的深刻模糊性,揭示了所有激情的致命光环……"尽管他已经死了,她依然想要他。她无法控制地渴望得到他,而他已经死了。身体空了,气喘吁吁。嘴唇湿润。她处于欲火中烧的女人的姿态,不顾廉耻,甚至庸俗不堪。比在任何其他地方都更显得不知廉耻。让人恶心。她想要一个死人。"①"爱情让人更坦然地放弃生命。"②

爱情在死亡里的内爆和死亡在爱情里的内爆在疯狂的无法承受之痛中得到了极限的表达。"我被当成了死人……我疯了。因为恶意。我似乎在往母亲脸上吐口水。"③这样的疯狂,致命而又充满伤痛,不过是她对他的死亡的一种吸纳:"人们或许会以为她死了,因为他的死亡让她如此痛不欲生。"④主人公之间的这种认同,直至模糊了他们之间的界限、言语、存在,是杜拉斯世界里持续出现的形象。她没有像他那样死去,她在爱人死后继续活

---

① 参见 Marguerite Duras, *Hiroshima mon amour, synopsis*, Folio, Gallimard, Paris, 1960, pp. 136–137。

② *Ibid.*, p. 132.

③ *Ibid.*, p. 149.

④ *Ibid.*, p. 125.

着,但她活得像死人一般——她脱离了别人,脱离了时间,她有着母猫一般永恒而兽性的目光,她疯了："在内韦尔因爱而死。""……在这具已经死去的躯体和我的身体之间,我看不出任何区别……在这具躯体和我的身体之间,我能看到的只有相似之处……在号喊,你明白吗?"①这种认同频繁出现,甚至可以说是持续存在,这是一种与哀悼对象之间绝对而不可抗拒的认同。由此,哀悼变得不可能,它同时又将女主角变成了被鲜活的尸体占据的地下室。

公与私

或许,杜拉斯所有的作品都已呈现在 1960 年的这个文本之中,它将阿仑·雷乃的电影情节设定在 1957 年,广岛原子弹爆炸之后的第 13 个年头。这个文本里什么都有:痛苦、死亡、爱情,以及它们在一个女人疯狂的忧郁里爆炸性的融合;我们尤其可以在其中看到社会历史现实主义与对抑郁的详

---

① 参见 Marguerite Duras, *Hiroshima mon amour, synopsis*, Folio, Gallimard, Paris, 1960, p. 100。

尽描绘的结合。社会历史现实主义首先在《抵挡太平洋的堤坝》(*Un barrage contre le Pacifique*，1950)里有所体现，随后又出现在《情人》之中。对抑郁的描绘则首先在《琴声如诉》(*Moderato cantabile*，1958)中体现，它后来成了表达内心微妙感情的文本所偏好的领地，或者说是专属领地。

如果说历史变得谨慎而低调，随后甚至消失，它在《广岛之恋》里则是起因和背景。这出关于爱情和疯狂的悲剧独立于政治悲剧，激情的力量超越了政治事件，无论论它们有多残酷。如果在涉及爱欲化的痛苦或悬置的爱情之时，我们能够谈论胜利的话，那么我们可以说，疯狂而不可能的爱情似乎战胜了这些事件。

然而，杜拉斯的忧郁也像是历史的爆炸。个体的痛苦将政治上的恐怖吸收进心理的小宇宙之中。这位身处广岛的法国女人或许是司汤达式的，甚至是永恒的，尽管有战争、纳粹、原子弹……她依然存在着。

政治生活由于被整合进个体生活而失去了自主性，而这种自主性是我们的意识一直虔诚地想要为它保留的。世界冲突的各方并不会因此消失于全球的判决之中，这种判决相当于以爱的名义赦免了罪行。年轻的德国人是个敌人，抵抗人士的严酷有他们的道理，而关于日本人加入纳粹一方，小说没有任何解释，美国人迟来的反击同样没有得到解释。在小说中，政治事实被隐含的左翼政治立场所承认（那个日本人毫无异议地应为左翼人士），尽管如此，审美的关键依然在于爱与死亡。由此，它将公共事件置于疯狂的视角之下。

今天的事件是人类的疯狂。政治是其中的一部分，尤其是从它所带来的大规模杀害的角度而言。政治并非，像阿伦特认为的那样，人的自由得以施展的场域。现代世界、世界大战的世界、第三世界、影响我们死亡的地下世界，都不如希腊城邦那般文明灿烂。现代政治领域大规模地、集权式地带有社会化、平均化和杀戮的特征。因此，疯狂是一个反社会、非政治、自由的（这充满悖论）个人化空间。面对疯狂，过度而残暴的政治事件——纳粹入侵、原子弹爆炸——消失了，衡量它们的唯一标准是给人类带来的痛苦。在最坏的情况下，就道德痛苦而言，一个在法国被剃了光头的恋人和被原子弹烧死的日本女人之间并不存在等级差异。对于这种关注疼痛的伦理学和美学而言，被嘲弄的私域获得了一种庄重的尊严，它将公域的作用降到最低,同时又将这样一种宏大的责任赋予历史:要成为理解死亡之疾病的关键。由此,公共生活与现实严重脱节,而私人生活则变得更为沉重,直至占据所有的真实,使所有其他的关切都变得无效。新世界必然是政治的,它是不真实的。我们体验着一种现实,一个痛苦的新世界的现实。

从这一根本的问题所带来的迫切需要出发,形形色色的政治介入之间似乎并无差别,它们揭示了各自的逃避策略和伪装的软弱策略:"通敌合作者,费尔南德兹们。而我,在战后的第二年,加入了法共。这种对等关系是绝对的、确定的。这是一样的东西,同样的求助,同样的判断上的无力,同样的执着,固执地相信个人问题可以通过政治来解决。"①

由此,我们可以暂停对政治的观察,转而细看痛苦之虹。我们是幸存者,是活死人,是处于缓刑期的尸体,我们将个人的广岛掩藏于我们私人世界的空洞之中。

我们可以想象这样一种艺术,它承认现代痛苦的分量,同时又将痛苦淹没于征服者的胜利之中,或形而上的讽刺和热情之中,又或者淹没于爱欲快

---

① *L'Amant*, *op. cit.*, p. 85.

感的温柔之中。现代人比以往任何时候都更能战胜死亡，生命在生者的经验之中占了上风，第二次世界大战的破坏性力量似乎在军事和政治上得到了约束，这难道不也是事实吗？这难道不是格外正确吗？杜拉斯选择了，或者说是屈服于另一条道路：对我们身上的死亡及对创伤的永恒所进行的共谋的、性感的、迷人的思考。

1985 年出版的《痛苦》是战时写下的一本奇怪的秘密日记，主要记述了罗贝尔·L. 从达豪的归来。这本小说揭示了这种痛苦本质的个人和历史根源。面对纳粹所带来的灭绝，人反抗死亡。幸存者在正常生活里反抗，试图在他幸免于死却形同死尸的躯体里寻找生命的基本活力。叙事者——这场生死冒险的见证者和战斗者——似乎是从内部、从她对那个重生的垂死之人的爱的内部对其进行展示。"与死亡的斗争很快就开始了。与它斗争需要慢慢来，要小心谨慎、把握分寸、注重技巧。死亡从四面八方将他围困住，但依然有办法与他取得联系，那个可以与他进行沟通的开口并不大，但生命仍在他身上，那几乎算不上是一根刺，但终归还是刺。死亡发起了攻势——第一天三十九度五。然后四十度。然后四十一度。死神气喘吁吁——四十一度:心脏像小提琴的琴弦一般震颤。依然是四十一度,但是心脏在颤动。我们以为,心脏要停止跳动了。还是四十一度。死神粗暴地敲着门,但是心脏充耳不闻。这不可能,心脏要停止跳动了。"①

叙事者仔细地记录下这场身体与死亡的对抗、这场死亡对抗身体的斗争里微小而本质的细节:她仔细观察那"野性却高尚的"头、骨头、皮肤、肠胃,甚至"非人的"或"人的"粪便……在对这个男人即将消逝的爱恋之中,她却经由痛苦,同时也是因为痛苦而重新找回了对那个独特的、唯一的存在——幸存者罗贝尔·L.——的激情,因为独特而唯一,他也是永远的爱的对象。死亡让已经消逝的爱复苏。"一听到这个名字,罗贝尔·L.,我就落泪。我还在流泪。我此生都将哭泣……在他垂死之际……我更清楚地了解这个男人,罗贝尔·L.……我清楚地感觉到那些使他成为他的特质,仅仅是他,而不是这世界上任何其他的人或事。我谈论着罗贝尔·L.独特的风度。"②

---

① 参见 Marguerite Duras, *La Douleur*, P. O. L., Paris, 1985, p. 57。

② Ibid., p. 80.

迷恋死亡的痛苦是不是至高无上的个体化？

或许，只有体验了背井离乡的奇特冒险，经历了在亚洲大陆上度过的童年，感受了在那位勇敢却又苛刻的小学老师——她的母亲——身边生活的压力，只有早早地了解哥哥的精神疾病以及所有人的苦难，才会使得个体对痛苦的敏感如此热切地与我们时代的悲剧相结合，时代将死亡的疾病置于我们中大多数人心理体验的核心。在她的童年，爱已经被克制的仇恨之火烧灼，爱和希望只有在厄运的重负之下才得以展现："我要朝他脸上吐口水。她打开了门，口水却留在了嘴里。没有这个必要。这是霉运，这位若先生，霉运，就像堤坝，像那匹死去的马。不是任何人，仅仅是霉运而已。"[1]那充满仇恨和恐惧的童年成了当代历史视角的源头和象征。"这是一个石头般僵硬的家庭，厚重却找不到任何入口。我们每天都在尝试着互相残杀，尝试着杀人。我们互不说话，甚至连看对方一眼都不……因为人们这样对待我们如此可爱却又如此轻信别人

---

① 参见 Marguerite Duras, *Un barrage contre le Pacifique*, Folio, Gallimard, Paris, 1950, pp. 73 – 74。

的母亲，我们痛恨生活，我们互相仇恨。"①"回忆里充满了恐惧。"②"我想我已经学会对自己说，我隐隐约约地有想死的欲望。"③"……我处于一种我所期待的忧伤之中，而这种忧伤的源头不过是我自己。一直以来，我都很忧伤。"④

　　带着这种对痛苦的疯狂渴望，杜拉斯揭示了我们最顽固、最现实、最不服从信仰的绝望所具有的恩典。

女性忧伤

　　"——从哪里入手，才能俘获女人的心？"副领事问。

　　经理笑了。

　　……

　　"——我或许会从她的忧伤入手，"副领事说，

---

① *L'Amant*, *op. cit.*, p. 69.
② *Ibid.*, p. 104.
③ *Ibid.*, p. 146.
④ *Ibid.*, p. 57.

353

"如果情况允许的话。"①

如果说忧伤不是杜拉斯笔下女性角色病态的底色,那么它或许是一种根本的疾病。比如安娜-玛丽·斯特雷特(Anne-Marie Stretter,《副领事》)、劳儿·瓦·施泰因(Lol V. Stein,《劳儿之劫》)或者阿丽莎(Alissa,《毁灭,她说》),我们暂且只列举这三位。一种非戏剧性的、凋零的、难以言喻的忧伤。一种带来节制的泪水和简略话语的虚无。痛苦和欣喜在某种审慎之中融为一体。"我听说……她的天空,尽是泪水",关于安娜-玛丽·斯特雷特,副领事是这样说的。加尔各答这位奇怪的、身体苍白而消瘦的大使夫人似乎携带着死亡四处游荡。"隐藏于生命里的死亡,"副领事最后说,"但它决不会接近你? 就是这样。"②她带着童年威尼斯的忧郁魅力和一段夭折的音乐家的命运,超越破碎的爱情,游荡于世界各地。海蓝色的威尼斯流动的隐喻,世界末日之城流动的隐喻,而对于别人而言,这座总督之城依然是让人为之兴奋的地方。然而,安娜-玛

---

① 参见 Marguerite Duras, *Le Vice-consul*, coll. L'Imaginaire, Gallimard, Paris, 1966, p. 80。

② *Ibid.*, p. 174.

丽·斯特雷特是任何普通女性的痛苦的化身,"来自第戎、米兰、布雷斯特、都柏林",或许有点英国的味道,不,她是普适的:"也就是说,认为一个人仅仅来自威尼斯未免有点简单化。在我看来,他可以来自我们曾经经过的任何地方。"①

痛苦是她的性,是她情欲的高潮。当她在"蓝月亮"或者在她的秘密居所,偷偷地与她的恋人们聚会的时候,他们做什么呢?"他们看着她。穿着黑色罩衫,她显得那样消瘦。她双目紧闭,她的美貌消失了。她究竟处于怎样一种无法忍受的安逸舒适之中?

"这时,发生了夏尔·罗塞所期待的事情,而他并没有意识到自己有这样的期待。确定吗?是的。是眼泪。眼泪从眼睛里流了出来,流到脸颊上,细小而闪亮。"②"……他们看着她。宽宽的眼皮微微颤动,眼泪没有流出来。……我哭,却无法说清原因,就像一种流经我身体的痛苦,需要有人哭才行,那人仿佛就是我。

---

① 参见 Marguerite Duras, *Le Vice-consul*, coll. L'Imaginaire, Gallimard, Paris, 1966, p. 111。

② *Ibid.*, pp. 195 - 196.

"她知道他们就在那里,可能很近,加尔各答的男人们,她一动不动,如果她这样做……不……她给人这样的感觉:她是某种过于久远的痛苦的囚徒,久远到无须为之哭泣。"①

这种痛苦表达了一种不可能的快感,它是令人心碎的征兆,它意味着冷淡。痛苦里带着一种无法消逝的激情。然而,在更深层的意义上,它是一座监牢,里面关着对一份久远的爱恋无法完成的哀悼,这份爱恋完全由感觉和自我感觉(autosensation)构成,它不能被异化、无法分离,也因此不可命名。对自我感觉的前客体未完成的哀悼造成了女性的冷淡。因此,与之相关的痛苦里包含着一个女人,一个陌生女人,生活于表面的她对这位陌生女人一无所知。在忧郁外表的自恋基础之上,痛苦又增加了深层自恋、古老的自我感觉和受伤的情感,并将其与外表的自恋对立起来。因此,在这种痛苦的源头处,我们可以看到一种难以承受的离弃。也正因此,痛苦通过复制的游戏来自我呈现,在这样的游戏之中,身体在某个他者的形象之中自我指认,因

---

① 参见 Marguerite Duras, *Le Vice-consul*, coll. L'Imaginaire, Gallimard, Paris, 1966, p. 198。

为它是对自身形象的复制。

"不是我"抑或离弃

　　离弃代表了发现存在一个非我（non-moi）[①]而带来的无法逾越的创伤，这样的发现或许过早发生，因而难以被消化。的确，在杜拉斯的文本中，故事正是通过离弃而得以组织：女人被她的情人抛弃，来自内韦尔的法国女人的德国情人死了（《广岛之恋》，1960）；麦克·理查逊（Michael Richardson）公然抛弃了劳儿·瓦·施泰因（《劳儿之劫》，1964）；还是麦克·理查逊，这个注定不可能的情人，给安娜-玛丽·斯特雷特的生活带来了一系列的灾难（《副领事》，1965）；伊丽莎白·阿里奥纳（Élisabeth Alione）的孩子夭折，而在此之前有个年轻的医生爱上她，当她向自己的丈夫展示情人来信

[①]　"玛格丽特·杜拉斯的力量在于，她敢于采用一种介于'通过拯救来行动的魅力'和带有'自杀意味的一见钟情'之间的话语，死本能或许正是所谓的升华的源头。"参见 Marcelle Marini, *Territoires du féminin* (avec Marguerite Duras), Éditions de Minuit, Paris, 1977, p. 56。

的时候，那位年轻的医生试图结束自己的生命（《毁灭，她说》，1969）；而《死亡的疾病》(1982)里那个男人和那个年轻女孩似乎被某种固有的哀悼所萦绕，哀悼使得他们肉体上的激情变得病态、遥远，总是带着罪恶的印记；最后，年轻的法国女孩和她的中国情人从一开始就知道他们的关系被不可能所标记，注定要被禁止，以至于女孩说服自己不要去爱，直到在回法国的船上听到肖邦的乐曲，她才终于允许自己沉溺于被弃的激情所带来的思绪之中（《情人》）。

这种无法逃避的被遗弃感揭示了恋人之间的分离或真实的死亡，它似乎是内在的、命中注定的。这种感觉围绕着母亲形象而展开。来自内韦尔的年轻女人的母亲与她的丈夫分开了……又或者（叙事者在这一点上有所迟疑）她是犹太人，动身去了未占领区。至于劳儿·瓦·施泰因，在那场麦克·理查逊因为安娜-玛丽·斯特雷特而抛弃她的命运攸关的舞会之前，她就已经在母亲的陪同之下抵达了。母亲优雅而瘦削的体形带着"对自然的隐晦否定的标记"①，她宣告了未来那位情敌同样消瘦、优

---

① *La Ravissement de Lol V. Stein*, *op. cit.*, p. 14.

雅、阴郁而触不可及。更具悲剧色彩的，是《副领事》里那位发疯的尼姑，她不知不觉地从印度支那来到印度，身怀六甲，长满坏疽。她与死亡对抗，更与那位把她从家里赶出来的母亲对抗："她用柬埔寨语说了几个词：你好，晚上好。她对孩子说话。对洞里萨的老母亲说话。母亲是所有罪恶以及她坎坷命运的起因和缘由，是她纯粹的爱。"①

在《情人》里，女孩母亲的疯狂带着一种哥特式的悲伤力量，她是杜拉斯文学世界里众多疯女人的原型："我觉得我母亲真的疯了……生来便如此。血液里流淌着的。她并没有因为自己的疯狂而感到困扰，她像体验健康一般体验着她的疯狂。"②仇恨将女儿与母亲捆绑于激情的枷锁之中，而这枷锁正是给杜拉斯的书写打上深深烙印的神秘沉默的源头之所在："……她应该被关起来，被打，被杀死"③；"我想我已经谈过我们对母亲的爱，但我不知道我是否说过我们对她所抱有的仇恨……她是沉默开始的地方。在此发生的，正是沉默，这是我一

---

① *Le Vice-consul*, *op. cit.*, p. 67.

② *L'Amant*, *op. cit.*, p. 40.

③ *Ibid.*, p. 32.

生都在从事的漫长工作。我依然在这里，面对着这些着了魔的孩子，与神秘保持着同样的距离。我从未书写过，却以为自己在书写，我从未爱过，却以为自己在爱，我什么都不曾做过，除了在那扇关闭的门前等待。"①出于对母亲的疯狂的恐惧，杜拉斯试图让母亲消失，试图通过暴力来摆脱母亲，这样的暴力与母亲惩罚卖淫女儿的暴力同样致命。《情人》里那个作为叙事者的女儿似乎在说：毁灭。但是，在抹去母亲这一形象的同时，她却取代了母亲的位置。女儿取代了母亲的疯狂，与其说她杀死了母亲，不如说她让母亲继续存在于某种认同的消极幻觉之中，而这种认同依然是一种忠诚的、充满爱意的认同："突然，就在那儿，在我旁边，有个人坐在了我母亲的位置上，她不是我的母亲，……这个任何人都无法替代的人消失了，我无论如何也无法让她回来，无法让她开始归来。没有任何东西能够占据这个形象。我理智清醒地疯了。"②

　　尽管杜拉斯指出与母亲的关系是痛苦的前情，但她的文本并未将其指认为痛苦的原因或由来。

---

① *L'Amant*, *op. cit.*, pp. 34 – 35.
② *Ibid.*, p. 105.

痛苦自身已经足够，它超越了后果和原因，并清除了一切实体，主体以及客体的实体。痛苦是我们无对象状态的终极边界吗？它无法描述，却将自己交付给灵感、泪水以及词语之间的空白。"在印度所承受的痛苦让我兴奋不已。我们或多或少都这样，不是吗？只有当痛苦在我们身上呼吸的时候，我们才能对它进行谈论……"[1]痛苦是外在的、沉重的，它与冷漠或某种女性存在的深层分裂相融合，如果这种分裂恰好呈现于主体分裂处，那么它会被感知为一种无法逾越的烦恼的空虚（vide d'un ennui）："她说话，仅仅是想说自己无法说清当劳儿·瓦·施泰因是多么无聊、多么漫长。人们让她再努力努力。她不明白为什么，她说。她无法找到哪怕一个词，这种困难似乎是无法克服的。她似乎什么也不等了。

"她在想什么事情吗？想她吗？有人问她。她没听懂问题。人们也许会说，她随波逐流，也许会说无须去考虑摆脱不了这种状况的无尽厌倦，说她变成了一片荒漠，某种流浪的天性将她抛进这片荒漠之中，她在其中无休止地追寻着什么？人们无从

---

[1] *Le Vice-consul*, *op. cit.*, p. 157.

得知。她不做回应。"①

狂喜:快感的缺失

或许我们不应把杜拉斯笔下的这个女人当作
所有女人的代表。然而,在此,我们还是能够看到
女性性欲的某些共同特征。由此,我们设想,在这
个充满悲伤的人物身上,存在一种爱欲冲动的枯竭
而非压抑。她的爱欲冲动被爱的对象——情人,或
者他身后那始终无法哀悼的母亲——所占有,变得
苍白无力,失去了建立性快感关联或建立象征默
契关联的能力。丧失的物在被改变的情感和失去
了意涵的话语之中留下了印记,这是一种缺席的印
记(marque d'une absence),一种根本的解除关联
(déliaison fondamentale)的印记。它能引发狂喜
(ravissement),而不是快感(plaisir)。如果我们想
要找到这个女人和她的爱人,我们应该在秘密的窖
里寻找,那里空无一人,只有内韦尔的猫闪闪发亮
的眼睛和与之交融的少女灾难般的焦虑。"回去找

① *Le Ravissement de Lol V. Stein*, *op. cit.*, p. 24.

她? 不。是眼泪使他失去了这个人吗?"①

　　这种隐匿的、非爱欲的(anérotique)(从失去关联、与他者分离的角度而言,它是非爱欲的,与他者的分离是为了转向身体自身的空洞,而身体却在享乐的瞬间放弃了对自己的所有权,并沉沦于所爱的自我的死亡之中)狂喜,如果说不是女性原乐的秘密之所在,那么至少也可以说是它的一个方面?《死亡的疾病》让我们感觉到了这样的意味。男人在其中品味少女敞开的身体,如同一场关于性别差异的重大发现,这样的差异通过其他方式是难以发现的,而它对于男人而言又是致命的、危险的,带着极大的吞噬性。他以想象杀死她的方式,来抵抗睡在伴侣潮湿的性器里的快感。"你发现正是在这儿,在她身上,酝酿着死亡的疾病;正是展露在你面前的这个形体宣告了死亡的疾病。"②而死亡对于她而言则是熟悉的。她摆脱了性,对性漠不关心,却对爱情情有独钟,对快感温顺有加。她爱着死亡,认为自己内心携带着死亡。而且,与死亡的这种共谋关系使她感觉自己超越了死亡:女人既不给予死

① *Le Vice-consul*, *op. cit.*, p. 201.

② *La Maladie de la mort*, *op. cit.*, p. 38.

亡，也不承受死亡，因为她来自死亡，她将死亡强加于人。拥有死亡疾病的是他；她来自死亡，因此她去了别处："……她通过瞳孔的绿色滤镜看着你。她说：您宣告了死亡的统治。如果死亡是从外部强加给我们的，那么我们便不可能爱它。您以为自己哭是因为不爱。您哭是因为没有将死亡强加于人。"[①]她走了，她无法靠近，被叙事者奉为神明，她经由爱将死亡带给他人，而这份爱无论对于她还是他而言，都带着一种"奇妙的不可能性"。在杜拉斯笔下，关于女性经验（这种经验触及了痛苦的原乐）的某种真相与无法接近的女性的神秘化并行。

然而，这片由疼痛的情感和贬值的言语构成的无人之地（no man's land）已然接近神秘的巅峰，尽管充满死亡的气息，它却并不乏表达。它有自己的语言：重叠（réduplication）。它创造了回声、重影和相似物，以表现激情或毁灭，就像处于痛苦之中的女人无法对其进行言说，却又因为缺乏激情或毁灭而承受痛苦。

---

① *La Maladie de la mort*, *op. cit.*, p. 48.

成双与重影:一种重叠

重叠是一种受阻的重复(répétition)。重复之物(le répété)散落于时间之中,而重叠则在时间之外。这是一种空间里的反射,一场没有透视、没有持续时间(durée)的镜像游戏。重影可以在一段时间内固定相同事物(le même)的不稳定性,为其赋予某种临时的身份,但是,它也使得相同事物进入深渊,在其身上打开了一个意想不到而深不可测的深度。重影是相同事物的无意识基础,这一事实威胁着相同事物,并可能将其吞没。

重叠由镜子制造,它先于"镜像阶段"(stade du miroir)所特有的镜像认同(identification spéculaire);它与我们不稳定身份的"前哨"相关,我们的身份被某种冲动所扰乱,任何事物都无法将这种冲动推延、否认或指称。

这样一种凝视和目光无法言说的力量成为欲望之中享有特权而又深不可测的世界:"他只好看着苏珊,目光迷离,他又看着她,一遍又一遍地看着。平常,当激情让我们喘不过气来,我们也会这样。"[1]在

————————

[1] *Un barrage contre le Pacifique*, op. cit., p. 69.

这样的目光之外或目光之下，催眠般的激情看到了重影。

在《琴声如诉》中，安娜·戴巴莱斯特（Anne Desbaresdes）和肖万（Chauvin）想象那起凶杀案里满怀激情的男女主人公之间的故事。故事里，女人甘愿被男人杀死。而安娜·戴巴莱斯特和肖万正是在对他们故事的重复之中建构属于他们的爱情故事。如果没有对先于他们的那对情侣带有受虐色彩的享乐所进行的想象参照，小说的两位主人公是否还会存在？作者构思了这样的情节，从而使另一组重叠——母亲与儿子之间的故事——得以缓缓上演。母亲和孩子成了这一想象思考的最重要部分，在这样的思考之中，女性身份淹没于对儿子的爱意之中。如果说女儿和母亲可以成为对手和敌人（《情人》），《琴声如诉》中的母亲和儿子代表的则是纯粹的、吞噬性的爱。如同酒，甚至她还没来得及品尝，儿子便把安娜·戴巴莱斯特吞噬；只有在他身上她才能自我接受——宽容而愉悦；他取代了隐含的爱的失落，同时也揭示了她的精神错乱。儿子是失落的母亲身上所带有的疯狂的可见形式。如果没有他，她或许会死。与他在一起，她处于一种爱的眩晕之中，处于实践和教育方法的眩晕之中,同时也处于孤独所带来的眩晕中,处于对他人和自己的永恒放逐中。母亲安娜·戴巴莱斯特是小说开头渴望被情人杀死的那个女人的日常而平庸的复制品,她在对儿子的爱之中体验心醉神迷的死亡。这个复杂的形象(母亲与儿子/陷入爱情之中的女人与陷入爱情之中的男人/处于激情之中的死去的女人与同样激情的凶手)揭示了欲望的受虐深渊,她表明了女性的痛苦依赖于怎样的自恋和自我感觉的欢愉。儿子无疑是母亲的复活,但是,相反地,她的死亡在他身上得以存活:她的耻辱、她的无名的创伤变成了鲜活的血肉。母亲的爱越是飘浮于女性的苦难之上,孩子就越会表现出一种痛苦而微妙的柔情……

《广岛之恋》里的日本人和德国人也是一组重影。在内韦尔的年轻女人的爱情体验里,日本人激活了她关于死去的爱人的回忆,但是两个男性形象在某种幻象般的拼图游戏里融为一体,这暗示了对德国人的爱始终存在,无法忘却,而相应地,对日本人的爱注定要死亡。重叠以及特征的交换。通过这种奇特的互相渗透,广岛灾难幸存者的生命力蒙上了某种恐怖命运的色彩,而另一个人确定的死亡则在年轻女人伤痕累累的激情之中得以存活,变成一个透明的存在。这种爱的对象的反射使女主人公的身份变得支离破碎：她并非来自任何时间，而是来自实体相互感染（contamination des entités）的空间，她自身的存在在其中游移不定，悲伤却又欢欣。

罪恶的秘密

在《副领事》中，这种重叠的技术达到了巅峰。安娜-玛丽·斯特雷特颓废的忧郁呼应了沙湾拿吉（Savannakhet）尼姑表现主义式的疯狂，这位疯尼姑的形象延续了《抵挡太平洋的堤坝》①里患脚病的亚洲妇女的主题。面对亚洲女性令人心碎的苦难和溃烂的身体，安娜-玛丽·斯特雷特的威尼斯眼泪仿佛奢侈而无法承受的任性。然而，一旦痛苦介入其中，二者之间的差异便不复存在。在疾病的基础上，两个女人的形象融为一体，安娜-玛丽·斯特雷特轻盈飘逸的世界染上了一种疯狂的色彩。如果没有另一个流浪者的印记，这种疯狂的色彩不会如

---

① *Un barrage contre le Pacifique*, *op. cit.*, p. 119.

此强烈。两个音乐家:钢琴师、发疯的歌者。两个
流落他乡的人:一个来自欧洲,另一个来自亚洲。
两个受伤的女人:一个带着不可见的伤口,另一个
则由于社会、家庭和人的暴力而变得伤痕累累……
这一组二重奏因着另一个复制人物的出现而变成
三重唱,这个新增的人物是一位男性:拉合尔(La-
hore)的副领事。这是一个奇怪的人物,人们认为他
身上带着久远的,却从未被承认的悲痛,大家唯一
知道的是他的施虐行为:在学校放臭气弹,在拉合
尔向麻风病人和狗开枪……这是真的还是假的?
这个人人惧怕的副领事成了安娜-玛丽·斯特雷特
的共谋,一个独自承受冷漠的恋人,因为即使是那
个他为之倾倒的女人,眼泪也注定为他人而流。副
领事或许是忧郁的大使夫人的一种堕落的变形,她
的男性复制品、施虐的变体,一种付诸行动的表达?
大使夫人一直没有付诸行动,哪怕是以交欢的方
式。或许他是一个同性恋,爱上一个注定无法在一
起的女人,这个女人处于由性带来的苦难之中,被
某种无法满足的欲望所困扰,她或许希望自己像他
一样:逍遥法外,触不可及。这个精神失常的三人
组合——尼姑、副领事、那个抑郁的女人——构成
了一个脱离了小说中其他人物的世界,尽管他们与

大使夫人之间的关系最为密切。这个组合为叙事者提供了心理研究的深层土壤：罪恶而疯狂的秘密，这个秘密隐藏于我们圆滑的行为表面之下，而某些女性的忧伤是对这一秘密谨慎而低调的见证。

爱的行为往往是这种重叠发生的时刻，每一个伴侣都变成了彼此的重影。因此，在《死亡的疾病》里，男人身上死亡的纠缠与女人关于死亡的思考融为一体。男人的哭泣享受着女人"可恶的脆弱"，这是对女人沉睡的、冷淡的沉默的一种回应，同时也揭示了她的沉默的意义：一种痛苦。当她对他的激情无动于衷，离开他们交欢的房间之时，她所认为的他话语里的虚假，那些与事物微妙的事实不相符的地方，在她对自己的逃避之中得到了宣泄。由此，这两个人物最终仿佛是处于"床单的苍白和大海的苍茫之间"①的两种声音、两道波浪。

一种逝去的痛苦（就像一种颜色）将这些男人和女人、重影和复制品填充，将他们填满的同时也把所有其他的心理从他们身上剥夺。这些翻版只有通过他们自己的名字才能成为个体：无法比拟、无法渗透的黑色钻石，凝结于痛苦的疆域之中。安

---

① *La Maladie de la mort*, *op. cit.*, p. 61.

娜·戴巴莱斯特、劳儿·瓦·施泰因、伊丽莎白·
阿里奥纳、麦克·理查逊、马克思·托尔(Max
Thorn)、施泰因……这些名字似乎凝缩并保存着一
个故事,而名字的主人或许和读者一样,对故事一
无所知。但是,这些故事持续发出它们奇特的和
声,最终总是在我们自身无意识的奇特之处显现出
来,由此,它们在我们看来突然变得熟悉却无法
理解。

事件与仇恨:女人之间

作为与母亲之间致命的共生关系的回应,两个
女人之间的激情是最为激烈的重叠形象之一。当
劳儿·瓦·施泰因被安娜-玛丽·斯特雷特夺走未
婚夫(然而这并未使后者感到满足,我们在《副领
事》中看到她无以慰藉的忧伤),她把自己封闭在一
种百无聊赖却又不可靠近的孤立状态之中:"对劳
儿一无所知就意味着已经认识了她。"①但是,许多
年之后,当所有人都认为她已经痊愈,并平静地走

---

① *Le Ravissement de Lol V. Stein*, *op. cit.*, p. 81.

进婚姻，她却去窥视她的旧友塔佳娜·卡尔
(Tatiana Karl)与雅克·霍德(Jacques Hold)的交
欢。她爱着这对情侣，尤其是塔佳娜，她想要来到
塔佳娜的位置上，在同样的臂膀里，在同一张床上。
这种对另一个女人的激情的吸收——在这里，塔佳
娜替代了她的第一个竞争对手（安娜-玛丽·斯特
雷特），并最终替代了母亲——也在反方向上进行：
在此之前，轻盈俏皮的塔佳娜也开始承受痛苦。由
此，这两个女人在痛苦的剧本里变成了彼此的翻版
和复制品，在劳儿狂喜的眼里，痛苦支配着这个世
界："……在她周围，事物变得精确起来，她突然看
到了它们清晰的边缘，看到它们的残骸四处散落，
转动，那已经被耗子啃噬了一半的垃圾，塔佳娜的
痛苦，她看到了，她感到尴尬，处处充斥着情感，人
们在此滑倒。她相信存在这样的时间，它交替着被
填满而后被清空，慢慢变满，慢慢变空，它时刻准备
着服务于人，她依然这么认为，她永远这么认为，她
永远不可能痊愈。"①

在《毁灭，她说》的镜像之中，重影变得更为复
杂，它们飘浮于毁灭这一主题之上，而毁灭一旦在

①　*Le Ravissement de Lol V. Stein*，*op. cit.*，p. 159.

文本主体中被命名，便浮现出来，从而点明书题，并使得小说里上演的所有关系变得易于理解。伊丽莎白·阿里奥纳因一段悲惨的恋情和女儿夭折而陷入抑郁，她在一家荒凉却人满为患的医院休养。在那里，她认识了施泰因以及他的重影马克思·托尔，这两个犹太人一直想要成为作家："是什么力量使得你有时不去书写？"①两个男人经由一种难以描述的激情连接到一起，人们会猜想那是一种同性恋的激情，它无法被题写，除非以两个女人为中介。他/他们爱着阿丽莎（Alissa），同时又痴迷于伊丽莎（Élisa）②。阿丽莎·托尔发现丈夫因为认识了勾引施泰因的伊丽莎而开心不已，而她本人也任由施泰因接近自己、爱自己（在这一具有暗示性的情节之中，读者可以任意进行二人组合）。她惊愕地发现，在这个由重影构成的万花筒般的世界里，马克思·托尔怡然自得——和施泰因一起，或许是因为伊丽莎？但是，他也声称这是出于阿丽莎本人的缘

① 参见 Marguerite Duras, *Détruire, dit-elle*, Minuit, Paris, 1969, p. 46。

② 此处伊丽莎即上文的伊丽莎白·阿里奥纳（Élisabeth Alione），本书作者简称她为伊丽莎或是为突出她的名字与阿丽莎之间的相似性。——译者注

故？——"'毁灭'，她说。"① 无论她如何被这种毁灭所困扰，阿丽莎还是在伊丽莎身上看到了自己，从而在认同和瓦解的模糊性之中，揭露了她年轻靓丽外表下真实的疯狂："阿丽莎继续说，我是一个处于恐惧之中的人，我害怕被抛弃，害怕未来，害怕爱，害怕暴力，害怕数字，害怕未知，害怕饥饿、贫困、真相。"②

哪个真相？她自己的还是伊丽莎的？"毁灭，她说。"然而，这两个女人却相处融洽。阿丽莎是伊丽莎的代言人。她重复伊丽莎的话语，见证她的过往，预言她的未来。在她的未来里，阿丽莎只看到反复和重影，人物对自身的陌生感又使得每个人都随着时间变成了自己的重影和他者。

伊丽莎白不回答。

"我们小时候就互相认识，"她说，"我们两家人是朋友。"

阿丽莎小声地重复：

"我们小时候就互相认识，我们两家人是

---

① 参见 Marguerite Duras, *Détruire, dit-elle*, Minuit, Paris, 1969, p. 34。

② *Ibid.*, p. 72.

朋友。"

沉默。

"如果您爱他，如果您爱过他，一次，就一次，在您的一生之中，您就会爱别人，"阿丽莎说，"施泰因和马克思·托尔。"

"我不懂……"伊丽莎白说，"但是……"

"这会在其他时间发生，"阿丽莎说，"再迟一点。但是，不会是您，也不会是他们。别在乎我说的。"

"施泰因说您疯了。"伊丽莎白说。

"施泰因什么都说。"①

两个女人对彼此说话，她们是彼此的回声；一个说了另一个没说完的话，另一个把她所说的否定了，尽管她知道这些话道出了她们共同真相的一部分、共谋关系的一部分。

这种双重性是否来源于她们是女性这一事实：她们拥有同样的所谓歇斯底里的可塑性，这种可塑性使得她们错把自己的形象当作另一个人的形象

---

① 参见 Marguerite Duras, *Détruire, dit-elle*, Minuit, Paris, 1969，pp. 102 - 103。

（"她体验着另一个人的体验"[①]）？又或者是因为她们爱着同一个带有重影的男人？因为她们没有稳定的爱的对象，她们在捉摸不定的反光的闪烁之中将这一对象进行解剖，没有任何因素能够将这一施虐的，或许是母性的激情固定下来，并使其平息？

的确，男人梦见了她——她们。马克思·托尔爱着他的妻子阿丽莎，却也不忘他是施泰因的重影，他在梦里称阿丽莎为伊丽莎，而施泰因自己也做梦，在梦里呼唤阿丽莎……伊丽莎/阿丽莎……她们"两人都困在了镜子里"。

"我们很像，"阿丽莎说，"我们都爱着施泰因，如果可以爱的话。"

……

"您真美！"伊丽莎白说。

"我们是女人，"阿丽莎说，"您看。"

……

"我爱您，我想要您。"阿丽莎说。[②]

尽管两人的名字发音相像，她们之间却不是一

---

① 参见 Marguerite Duras, *Détruire, dit-elle*, Minuit, Paris, 1969，p. 131。

② *Ibid.*, pp. 99 - 101.

种认同的关系。在催眠般的镜像互认的短暂时刻之后，成为对方的不可能性令人眩晕地显现出来。催眠（其方式可以是：一方即另一方）伴随着痛苦，痛苦是因为发现身体的融合无法实现，发现她们永远也不可能成为母亲和永不分离的女儿：伊丽莎白的女儿死了，她在出生那一刻便遭到了毁灭。这使得主人公精神失常，并使她的身份变得愈发不稳定。

这种催眠与乌托邦式激情的混合体是由什么构成的呢？

对情敌及她的男人的嫉妒、克制的仇恨、迷恋和性欲：一切都渗入了这些反复无常的造物的行为和言语之中，她们体验着"巨大的痛苦"，她们抱怨却并不言明，而是"像唱歌那样"。[1]

这些不可化约成词语的冲动的暴力在行为的克制之中变得柔和，仿佛这些行为由于塑形的努力而被驯服，就像是已经提前写好一般。因此，仇恨的呼声并没有在它野蛮的暴行之中回响。它变形为音乐，音乐（让人想起圣母或蒙娜丽莎的微笑）使

---

[1] 参见 Marguerite Duras, *Détruire, dit-elle*, Minuit, Paris, 1969，p. 126。

人看到了关于某种不可见的、地下的、"子宫里"的秘密的知识,并向文明世界传达了一种开化的、狂喜的,但仍未得到缓解的痛苦,而言语早已超越了痛苦。这样的音乐既中性,又带有十足的毁灭性:"折断树枝,拆毁墙壁",平息暴怒,使其成为"崇高的温柔"和"绝对的笑容"。①

当女人能够把另一个女人想象成男人所钟爱的伴侣,那么她的忧郁是否会因为与这个女人的重逢而得到缓解? 又或者,她的忧郁会因为无法遇见——满足——另一个女人而被重新激活? 无论如何,被俘获、被吞噬的仇恨正是在女人之间耗尽,那个古老的对手在此被监禁。当抑郁得以表达之时,它便被爱欲化而表现为毁灭:对母亲猛烈的暴力,对女伴的优雅摧毁。

在《抵挡太平洋的堤坝》中,疯狂、伤痕累累而又控制欲极强的母亲占据着重要位置,她同时也决定了孩子们的性欲特征:"对希望本身绝望的人。"②"医生认为,她的病根可以追溯到堤坝的崩塌。或

---

① 参见 Marguerite Duras, *Détruire, dit-elle*, Minuit, Paris, 1969, pp. 135 – 137。

② *Un barrage contre le Pacifique*, *op. cit.*, p. 142.

许他错了。如此深重的怨恨，年复一年，日复一日。并非只有一个原因。有上千个缘由，其中包括堤坝的崩塌，人世的不公，孩子们在河里游泳的场景……因此而死，因不幸而死。"[1]因为"霉运"而筋疲力尽，因为女儿放纵的性欲而恼怒不已，这位母亲不断地发作。"她还在打，似乎有某种必要性控制着她、驱使着她。苏珊在她脚下，裙子被撕破，半裸着身体，哭泣着。……如果我想杀了她呢？如果杀了她能让我高兴呢？"[2]关于女儿，她是这么说的。受制于这样的激情，苏珊将自己奉献出去，却没有爱上任何人。或许，她的哥哥约瑟夫除外。约瑟夫同样抱有这种乱伦欲望，并以一种狂暴、近乎犯罪的方式来将其实现（"……我跟她睡觉的时候是跟一个妹妹在睡觉"）。这种欲望确定了杜拉斯后来的小说所钟爱的主题：爱的不可能性，那是一种被重影困住的爱……

母亲的恨意在疯尼姑的精神错乱里爆炸（《副领事》）之后，《情人》里母亲和女儿的毁灭迫使我们相信，母亲对女儿的暴怒成了一个"事件"（événement），对

---

[1] *Un barrage contre le Pacifique*, *op. cit.*, p. 22。

[2] *Ibid.*, p. 137.

生母既爱又恨的女儿带着惊叹窥伺、体验，并试图还原这一事件："病情发作的时候，母亲扑向我，她把我关在房间里，她用拳头打我，她扇我耳光，她把我的衣服脱光，她走近我，她闻我的身体、我的内衣，她说她闻到了中国男人的香水味……"①

由此，无法捉摸的重影说明：有一个古老的、无法掌控的、想象的爱的对象持续存在着，这个对象通过控制和回避，通过姐妹或母亲般的亲近，也通过牢不可破因而充满仇恨，同时也激起仇恨的外在性将我处死。所有爱的形象都向这个自我感觉的、充满破坏性的对象汇聚，尽管这些形象不断因为男性的在场而被重新唤起。男性的欲望往往处于中心位置，但它总是被女性的被动性所超越并席卷，女性的被动性尽管被冒犯，内里却十分强大。

这些男人都是异乡人——《情人》里的中国男人、《广岛之恋》里的日本人，以及那些犹太人或者背井离乡的外交官……他们充满欲望却又十分抽象，他们被某种永远无法为激情所支配的恐惧折磨。这种充满激情的恐惧就像一条脊梁，它是女人之间镜像游戏的中轴或动力，游戏构成了痛苦的血

①　*L'Amant*, *op. cit.*, p. 73.

肉，而男人则是其中的骨骼。

镜子的反面

一种无法填补却依然狂喜的不满绽放于如此建构而成的空间之中，这个空间将两个女人分开。我们可以笨拙地称之为女性的同性恋。然而，在杜拉斯笔下，我们看到的更多是一种满怀思念的永恒追寻，在叙事者看来不可避免的催眠或自恋的幻影之中，追寻相异的同一性，追寻同一的相异性。她描述了在我们对另一性别进行征服之前就已经存在的心理基础，它潜藏于男人与女人可能的危险相遇之下。我们习惯于忽视这一与子宫十分相近的空间。

我们并没有错。因为在这个由反射形成的地窖里，身份、关系、情感相互摧毁。"毁灭，她说。"然而，女性社会并非一定是野蛮的，也并不是简单地具有破坏性。通过一些爱欲关联的不可靠性或不可能性，女性社会构成了一种共谋关系的想象光晕，这样的光晕带着些许的痛苦，它必然因为在自恋的变幻之中毁坏所有性欲对象、所有崇高的理想而陷入哀伤。价值观经不起这种"共同体的讽刺"（ironie de la communauté）——黑格尔如此称呼女性——其毁灭性未必是滑稽可笑的。

痛苦通过人物的相互映照施加它的影响。人物通过重影相互联结，他们就像一面面镜子，忧郁在其中不断放大，直至成为暴力和谵妄。这出关于重叠的剧作让我们想起了孩子不稳定的身份。孩子将镜中母亲的形象当作他自己的复制品或回声（这回声或让人平静，或让人恐惧），当作另一个自我，被凝结于使之内心动荡的一系列强烈的冲动之中，这个自我在他面前被分离出来，却又不固定，会通过一种充满敌意的方式像回旋镖一般返回，对他进行入侵。身份是关于自己的稳定而牢固的形象，主体的自主性在此得以建构，这个意义上的身份只能在这一进程得以完成时产生。此时，自恋的闪光在一场令人狂喜的升天仪式里完成，这便是第三者（Tiers）的杰作。

然而，即使我们当中最稳定的人也知道，稳固的身份不过是一种虚构。杜拉斯式的痛苦以空洞的言语准确地展示了这一不可能的哀悼，如若它得以完成，那么它将使我们与病态的替身分离，并使我们变得安稳，成为独立而统一的主体。由此，痛苦将我们控制，把我们引向心理生活的危险边界。

现代与后现代

　　作为关于疾病的文学，杜拉斯的作品总是与困境相伴。诚然，这种困境因现代世界而起，并因之而得到加剧，但它被证实是本质的、超越历史的。

　　它也是关于极限的文学，因为它展示了可命名的极限。人物的话语十分简略，概括了痛苦疾病的"虚无"被反复提及，这些都体现了词语面对不可命名的情感时的无能为力。这样的沉默，正如上文所言，让我们想起了瓦莱里于骇人听闻的混乱之中，在炽热火炉里所看到的"虚无"。杜拉斯并不像马拉美那样寻求词语的音乐性，也不像贝克特那样，提炼出一种停滞不前或者跌跌撞撞前行的句式，并扭转叙事前进的方向。人物的相互映照以及如实书写的沉默，强调无（"虚无"）话可说，将其作为痛苦的终极表现，这些都将杜拉斯引向了意义的苍白。上述手法，以及修辞上的笨拙，共同建构了一个令人不安的、具有传染性的世界。

　　从历史和心理角度而言，这样的书写是现代

的，然而今天，它面临着后现代的挑战。从此，在"痛之疾"之中，我们只看到一个叙事综合（synthèse narrative）的时刻，它可以将哲学的思考、爱欲的防御和消遣的快感带入其复杂的旋涡之中。后现代更接近于人类的喜剧，而非深沉的不安。战后文学中深入探讨的地狱，难道没有失去它不可靠近的特性，变成了日常、透明、几乎平庸的一部分——一种"虚无"，就像我们的"真相"从此也变得可视化、电视化，总而言之，变得没那么神秘……？今天，喜剧的欲望已经掩盖了——并非将其忽视——对这种没有悲剧的真相、没有受难的忧郁的关注。我们想到了马里沃（Marivaux）和克雷比荣（Crébillon）。

一个新的爱情世界试图浮现于历史和精神周期的永恒回归（éternel retour）之中。模拟的技巧代替了忧虑的严冬，戏仿的令人悲痛的消遣代替了烦恼的苍白。反之亦然。总而言之，真相既在人造娱乐的闪光之中，也在痛苦的镜像游戏之中。毕竟，心理生活的奥妙不就在于防御与崩塌、微笑与泪水、阳光与忧郁的交替之中吗？

译后记　美·语言·"抗抑郁剂"

对于学文学出身的我而言，朱莉娅·克里斯蒂娃首先是一个文学评论家，后来我才发现原来她的身份如此多元：哲学家、女性主义者、精神分析师、作家。20世纪80年代初，克里斯蒂娃开始出版与精神分析相关的论著，《黑太阳》(1987)与《恐怖的权力》(*Pourvoir de l'horreur*, 1980)和《爱情传奇》(*Histoire d'amour*, 1985)一起被视为她的精神分析三部曲。也正是在出版《黑太阳》的同年，她加入巴黎精神分析学会(Société psychanalytique de Paris)，此后她也作为精神分析师，帮助来访者进行个人分析。

《黑太阳》其实是一部精神分析与艺术和文学之间跨学科的论著。第一章和第二章是关于抑郁和忧郁理论层面的探讨，第三章结合临床案例对前面的理论进行进一步的延展，第四章是从精神分析理论到艺术与文学作品研究的一个过渡章节。余下四章分别以荷尔拜因、奈瓦尔、陀思妥耶夫斯基和杜拉斯的作品作为分析对象，探究抑郁和忧郁与文艺创作之间的关系。

首先吸引我们注意的是"黑太阳"这个标题，克里斯蒂娃用这样一个看似悖论、充满张力的意象来形容遭受抑郁折磨的个体的内心状态：被无法言说的痛苦吞噬，存在的无意义感"熠熠生辉""不可抵抗"。作品的副标题同样引人注目：抑郁与忧郁的区别究竟何在？克里斯蒂娃将抑郁界定为精神病症状，而忧郁则是神经症症状。在做了这样的区分之后，她紧接着又说自己倾向于使用"忧郁"这一"通用术语"，同时提议将二者视为一个整体，统称为"忧郁抑郁症"。这就意味着，在这本书中，她大部分时候并不对这两个概念做严格的区分，这似乎也符合非专业读者对它们的基本印象。

经典精神分析认为，抑郁的根源在于主体丧失了某个他深爱的客体，他无法承受这样的丧失，因而无法完成对客体的哀悼。抑郁者对丧失的客体往往有着一种爱恨交织的矛盾情感。因为爱着这个客体，为了避免失去他，抑郁者把客体安置在自己身上，通过与客体的认同，将客体内化、内射。这就意味着，他对自己的感情也变得爱恨交织。抑郁者常见的自我攻击事实上是对那个他业已丧失并内化的客体的攻击。

　　无论对于男性还是女性，这一丧失的客体首先是母亲。丧失母亲既是生理层面也是心理层面的需求，是个体走向独立的起始点。在此，克里斯蒂娃引入了否认和对否认的拒绝这两个重要的概念。她认为："语言始于对丧失的否认。"面对分离，人与动物之间的区别在于，动物只能求助于行动，而人可以诉诸语言。对于言说的存在，这个不可或缺却终将失去的客体就是母亲，他之所以能够接受失去母亲的事实，是因为他能够在符号，即语言之中重新找到母亲，这就是"对丧失的否认"。"孩子是无所畏惧的流浪者，他离开温床，在表征的王国里重新寻找母亲。"如果说这是所谓"正常的"方式，那么抑郁者的情况则与之相反："他放弃符号化而沉浸在痛苦的沉默或泪水的洗礼之中"，因为他无法通过语言来将母亲寻回，他拒绝了上述否认的心理机制，他无法丧失这一客体。

　　抑郁者对否认的拒绝剥夺了能指的表意功能。对于其他主体而言有内涵的能指被他们感知为空洞、无意义。也正因此,抑郁者感觉无话可说。言语对于他们来说是陌生的:"忧郁者是自身母语里的异乡人",因为他失去了母语的意义,语言对于他而言是死的。但这并不意味着意义彻底从他们身上消失。克里斯蒂娃认为,可以从抑郁者的语调、噪音、节奏之中辨认出其中的意义。因此,她强调,对抑郁状态的研究除了生物生理节律之外,还应同时考量象征过程(话语的语法与逻辑)和符号学过程(移置、凝缩、叠韵、声音和动作节奏等)。

忧郁与美,或者更确切地说,与文学和艺术之间有着怎样的关联?克里斯蒂娃认为,"崇高诞生于忧郁之中"。为痛苦命名、颂扬痛苦是化解哀伤的一种方法。死亡固然恐怖、固然强大,却无法触及美。为了替代死亡,为了"不因他者的死亡而死亡",抑郁者可以通过文艺创作而创造"一个假象""一种理想"。克里斯蒂娃称之为"在人世间实现的彼世"。美借由升华这一机制而调动原发过程和理想化过程,使主体能够重塑虚无。文艺创作一定意义上是为痛苦赋予了语言,从而使主体能够穿越忧郁、超越分离的痛苦。从这个角度而言,我们或许可以说忧郁有利于文艺创作,而文艺创作也在一定程度上可以帮助主体走出忧郁。

克里斯蒂娃以荷尔拜因的《墓中基督》开启了她关于文学与艺术作品的分析。这样的安排或许是因为这是四个分析对象中唯一的一幅画作,其余的都是文学作品,又或者,是因为这幅画作触及了一个核心主题:死亡。把这样一个主题安排在第五章,即全书的中心位置,或许也是在凸显死亡这一议题在书中的重要性?这幅画在第七章关于陀思妥耶夫斯基的论述部分再次被提及,因为它似乎对陀氏产生了重要的影响。画作呈现的是死去的基督,这是一个经典的主题,然而画家的处理方式却非常"不经典"。荷尔拜因没有在画面上做任何的美化,而是用极简的方式为我们呈现了一个饱受折磨的凡人的死亡。画中的基督孤独无依,没有任何关于复活的提示。也正因此,陀翁在小说中借人物之口指出,这幅画可能会让信徒失去信仰。克里斯蒂娃从时代背景的角度分析了文艺复兴视角下的死亡观、新教对痛苦的理解、圣像破坏运动与极简主义的关系,同时也从荷尔拜因个人经历的角度尝试解释画作里透露出来的"既讽刺又凄凉、既绝望又犬儒"的态度。她认为,荷尔拜因或许在人生的某个阶段经历了抑郁,这样的体验激发了他的美学创作,而他的创作也使他得以战胜潜藏的忧郁。

第六章聚焦奈瓦尔的一首诗作——"El Desdichado"。"黑太阳"这一意象便来自这首诗："我唯一的星辰死去了，我布满繁星的诗琴/带来忧郁的黑色太阳。"奈瓦尔一直遭受疯病折磨，1855年，46岁的他被发现吊死于一家公寓之中，许多人认为他是不堪折磨而选择结束自己的生命。"El Desdichado"这首诗的创作时间也是在诗人某次疯病发作之后，当时的他被各种各样的幻觉，被坟墓、骷髅等死亡形象不断困扰。由此，克里斯蒂娃推断，这首诗或许是诗人的诺亚方舟，它为诗人提供了"一种流动、神秘、咒语般的身份"。这一章事实上是一个完整的文本分析，作者几乎是逐字逐句地对诗句进行拆解，她的阐释涉及了神秘学、宗教、古希腊神话、历史等多个领域，也调用了关于奈瓦尔家族的传说以及诗人自身的某些经历。El Desdichado 意为"被剥夺了继承权的人"，而诗歌第一节也提示"我"忧郁的源头："我唯一的星辰死去了。"克里斯蒂娃认为，"我"所丧失的是某样先于欲望"对象"的"物"——那个"我"必须首先丧失才能成为言说存在的"物"。而诗中最常用的修辞手法——重叠——体现的是主体内部的一种分裂。分裂，如我们所知，是精神分裂的特征之一。奈瓦尔的精神病使他得以"触及语言和人类存在的极限",忧郁不过是他身上冲突的一个侧面,但它主导了奈瓦尔的表达方式。对于他而言,书写忧郁是一种"暂时的救赎"。

　　本书的第五章和第六章都是针对单一作品的分析,第七章和第八章则一定意义上是对陀思妥耶夫斯基和杜拉斯全部作品的一个总括式解读。克里斯蒂娃给陀思妥耶夫斯基的副标题是"痛苦与宽恕的书写",因为这是贯穿于陀思妥耶夫斯基作品始终的两个主题。陀思妥耶夫斯基的病症是癫痫,他在作品中描述自己的症状时说道,癫痫发作之前会出现沮丧状态,这或许也是他长于描写痛苦的原因之一。克里斯蒂娃认为,陀思妥耶夫斯基笔下的痛苦是一种快感,他笔下的人物似乎都在追寻一种"给人以快感的痛苦"。这样一组相互依存的二元对立在作者看来是断裂的终极表现,她认为这样的断裂发生的时间应该早于主体和他者的自主化,或许与陀思妥耶夫斯基父亲的死亡有关。癫痫状态可以被视为这位大文豪的一种退缩行为,是动力的释放,用以回避妄想一类分裂的可能性。陀思妥耶夫斯基式的痛苦至少有两种解决办法——自杀和杀人,在他笔下,人物所犯下的罪行是对抑郁所采取的一种防御行为，杀人是为了防止自杀。不过最终，他似乎选择了介于绝望与谋杀之间的第三条道路——宽恕。"宽恕一方面承认作为其源头的缺失和创伤，另一方面又通过一种理想的赠予来将其填补。"实现宽恕需要爱的介入，爱超越了审判，将忧伤呈现，忧伤因此被理解、被倾听。而被理解可以让我们获得直面缺失和创伤的勇气，从而告别抑郁。书写一定意义上就是一种宽恕，它传达了情感，为情感提供了一种升华的方式。

全书最后一章题为"痛之疾"，作者认为，死亡和痛苦是杜拉斯笔下"文本的罗网"。经历了奥斯威辛和广岛，"死亡的疾病"已然成为"我们内心最为隐蔽的角落"。面对这样一场末日般的灾难，我们既有的象征机制显得如此苍白，而杜拉斯的语言似乎在这样的困境之中找到了一条出路。克里斯蒂娃用"笨拙的美学"和"非净化的文学"来概括杜拉斯作品的特征。我们在杜拉斯的笔下常常会读到一些显得十分拘谨和蹩脚的句子，这些极不寻常的扭曲而笨拙的言语里面弥漫着痛苦。这样的痛苦是未经处理、不带梦幻魅力的，它让我们直接触及了疯狂和死亡。所谓"非净化的文学"指的是杜拉斯的文本被彻底剥夺了净化作用，其中"没有治愈,没有上帝,没有价值,也没有美,有的只是被困于其本质的断裂处的疾病本身"。克里斯蒂娃将杜拉斯的文本世界称为一片"由疼痛的情感和贬值的言语构成的无人之地",内里充满了死亡的气息,它主要的表达方式是重叠。作家借用重叠的手法创造了许多充满神秘色彩、互为重影的人物形象,文本由此而在一定意义上成为一个又一个的迷宫。克里斯蒂娃认为,在这无法捉摸的重影背后持续存在着一个"古老、无法掌控的、想象的"同时又充满破坏性的爱的对象。

写在最后的话

依然清晰地记得,九年前的某个秋日,初到巴黎求学的我在法国国立东方语言文化学院(INALCO)宽敞明亮的图书馆偶遇了巴黎七大(我就读的学校,今已更名为"巴黎西岱大学")数学系的一位教授。当我跟他谈起我的研究课题(精神分析对中国当代文学的影响),他十分兴奋地向我推荐了克里斯蒂娃的这本书——《黑太阳》,因为这正好也是一部文学与精神分析跨界的作品,而克里斯蒂娃也恰好是七大的教授。至今依然记得那个午后,阳光斜斜地照进图书馆，空气里有着一种无法言说的平静与安宁。在图书馆里与那位老师低声畅聊一个多小时，感叹数学系的老师竟对文学了如指掌。我对巴黎最初的印象便也停留在这个画面之上。

2020年春天，疫情正肆虐，烦懑之中的我找到欢欢，请她帮我留意，如果有心理学方面的书缺译者可以交给我翻译。欢欢很快告诉我，南大社买下了《黑太阳》的版权，问我是否有兴趣。一时喜出望外，感慨缘分如此奇妙。随后的三年，教学、科研、带娃，生活颇为忙乱，翻译工作一直在见缝插针地进行。一路诚惶诚恐，因为"克里斯蒂娃"对于我而言是神一般的存在，也因为我与这本书之间有着奇妙缘分，生怕自己水平不够，无法准确理解和传达作者的原意。托莉•莫伊在谈及法国的女性主义理论时曾指出，这些理论在英美的影响力之所以有限，是因为它们带有浓重的知识分子色彩，作者预设自己的读者也同她们一样，对欧洲哲学（马克思、尼采、黑格尔）、德里达的结构主义和拉康的精神分析有很深的理解。这就意味着，如果对上述理论没有全盘把握的话，很难充分地把握克里斯蒂娃的作品。我对文学批评和精神分析略知一二，对哲学的认知则非常有限，这给我的翻译带来了不少困扰。

每每碰到相关段落,尽管查阅了文献也请教了身边的师友,依然有诸多不太确定的地方。到译稿即将付印的今天,内心依然忐忑。期待读到拙译的各位朋友多多指正!

SOLEIL NOIR：*Dépression et mélancolie* by JULIA KRISTEVA

@ Éditions Gallimard，1987

Simplified Chinese translation @ 2024 by NJUP

All rights reserved.

江苏省版权局著作权著作权合同登记　图字：10 - 2010 - 423 号

图书在版编目（CIP）数据

黑太阳：抑郁与忧郁／（法）朱莉娅·克里斯蒂娃
(Julia Kristeva)著；郭兰芳译. —南京：南京大学出版
社，2024.3

　ISBN 978 - 7 - 305 - 27413 - 8

　Ⅰ. ①黑…　Ⅱ. ①朱… ②郭…　Ⅲ. ①抑郁—研究

Ⅳ. ①B842.6

　中国国家版本馆 CIP 数据核字（2023）第 225946 号

出版发行　南京大学出版社
社　　址　南京市汉口路 22 号　　　　邮　编 210093

　　　　　HEI TAIYANG；YIYU YU YOUYU
书　　名　**黑太阳：抑郁与忧郁**
著　　者　［法］朱莉娅·克里斯蒂娃
译　　者　郭兰芳
责任编辑　甘欢欢
照　　排　南京紫藤制版印务中心
印　　刷　南京新世纪联盟印务有限公司
开　　本　787 mm×1092 mm　1/32　印张 12.75　字数 220 千
版　　次　2024 年 3 月第 1 版　2024 年 3 月第 1 次印刷
ISBN　978 - 7 - 305 - 27413 - 8
定　　价　90.00 元

网　　址　http://www.njupco.com
官方微博　http://weibo.com/njupco
官方微信　njupress
销售咨询　025 - 83594756